Aufgabe auch der Neubearbeitung soll es sein, einerseits dem Fachmann eine zuverlässige Übersicht über Inhalt und Literatur der genannten Gebiete zu geben, andererseits dem Leser, der nur über eine gewisse mathematische Allgemeinbildung verfügt, das Kennenlernen dieser Gebiete zu erleichtern und ihm einen Überblick zu ermöglichen. Es gilt, einen Mittelweg zu finden zwischen der oft schwerfälligen streng historischen Darstellung und der zu schneller und leichter Unterrichtung nicht immer geeigneten systematischen Darstellung. In manchen Gebieten ist eine große Menge alleinstehender Einzelergebnisse vorhanden, für die heute eine systematische Darstellung überhaupt noch nicht erzielbar ist. In solchen Fällen, wie z. B. in der analytischen Zahlentheorie, scheint eine Gruppierung der Probleme nach den verschiedenen Methoden, die zur Verwendung kommen, am übersichtlichsten zu sein, obwohl sich zur Zeit die Tragweite der einzelnen Methode nicht genau beschreiben läßt.

Bei der Verarbeitung der Literatur wird nicht eine bedingungslose Vollständigkeit erstrebt, weil das zu einer Gleichstellung allgemeiner Ergebnisse von überragender Bedeutung mit unwichtigen Einzelergebnissen führen würde. Von älteren Arbeiten werden überhaupt nur die wichtigsten genannt. Beweise der wichtigsten Sätze werden vielfach in den Hauptpunkten etwa so weit dargestellt, daß sich ein Fachmann daraus den ganzen Beweis selbst aufbauen kann.

Den Herausgebern der Neubearbeitung steht bei ihrer schwierigen Arbeit ein internationaler Mitarbeiterstab hervorragender Fachleute für die einzelnen Sachgebiete zur Seite, so daß höchste Zuverlässigkeit auch für den neuen Band der Enzyklopädie gewährleistet ist.

Verlagsnummer 2052

ISBN 978-3-519-02052-3 ISBN 978-3-322-96643-8 (eBook)
DOI 10.1007/978-3-322-96643-8

15. DARSTELLUNGSTHEORIE DER ENDLICHEN GRUPPEN

von

Hermann Boerner
in Giessen

Inhaltsübersicht

Lehrbücher und Monographien

S. Bhagavantam, T. Venkatarayudu, Theory of groups and its application to physical problems. Andhra university 1948.

H. Boerner, Darstellungen von Gruppen. Mit Berücksichtigung der Bedürfnisse der modernen Physik. Berlin/Göttingen/Heidelberg 1955. (Englische Übersetzung, mit geringfügigen Veränderungen: Amsterdam 1963.)

R. Brauer, Representations of finite groups. Lectures on Modern Mathematics (ed. T. L. Saaty), vol. I. New York/London 1963.

M. Burrow, Representation theory of finite groups. New York/London 1965.

C.W. Curtis, I. Reiner, Representation theory of finite groups and associative algebras. New York/London 1962.

M. Hamermesh, Group theory und its application to physical problems. Reading (Mass.)/London 1962.

V. Heine, Group theory in quantum mechanics (An introduction to its present usage). Oxford/London/New York/Paris 1960.

B. Higman, Applied group-theoretic and matrix methods. Oxford/London 1955.

B. Kockel, Darstellungstheoretische Behandlung einfacher wellenmechanischer Probleme. Leipzig 1955.

D.E. Littlewood, The theory of group characters. Oxford 1950.

G.J. Ljubarski, Anwendungen der Gruppentheorie in der Physik. Berlin 1962. (Übersetzung aus dem Russischen: Moskau 1958.)

J.S. Lomont, Applications of finite groups. New York/London 1959.

G.W. Mackey, The theory of group representations. Lecture notes (Summer 1955). University of Chicago.

G.W. Mackey, Mathematical foundations of quantum mechanics (A lecture note volume). New York/Amsterdam 1963.

P.H.E. Meijer, E. Bauer, Group theory. The application to quantum mechanics. Amsterdam 1962.

F.D. Murnaghan, The theory of group representations. Baltimore/London 1938. Neuabdruck New York 1963.

G. de B. Robinson, Representation theory of the symmetric group. Toronto 1961.

D.E. Rutherford, Substitutional analysis. Edinburgh 1948.

I. Schur, Die algebraischen Grundlagen der Darstellungstheorie der Gruppen. Vorlesungsmanuskript über Darstellungstheorie, herausgegeben von E. Stiefel. Zürich 1936.

B.L. van der Waerden, Die gruppentheoretische Methode in der Quantenmechanik. Berlin 1932.

H. Weyl, Gruppentheorie und Quantenmechanik. 2. Aufl. Leipzig 1931. (Englische Neuausgabe: New York 1964.)

H. Weyl, The classical groups. Their invariants and representations. Princeton 1939. 2. Aufl. 1946.

E.P. Wigner, Gruppentheorie und ihre Anwendung auf die Quantenmechanik der Atomspektren. Braunschweig 1931. (Neuausgabe: Group theory and its application to the quantum mechanics of atomic spectra. New York/London 1959.)

1. *Vorbemerkung*. Die folgenden Ausführungen sind der Darstellungstheorie der endlichen Gruppen gewidmet; doch werden Definitionen und Sätze, die nicht auf endliche Gruppen beschränkt sind, allgemein formuliert. Das Hauptaugenmerk ist auf die Entwicklung seit dem Bericht von *van der Waerden* 1935 über Gruppen von linearen Transformationen [1)] gerichtet, dessen II. Teil den Darstellungen von Ringen und Gruppen gewidmet ist. Literatur vor 1935 wird daher nur in besonderen Fällen angeführt. Zur neueren Entwicklung der Darstellungstheorie unendlicher Gruppen siehe Art. 16 (*Maak*). Die Darstellungstheorie der Ringe und insbesondere der Algebren wird nur insoweit berührt, als die Gruppenringe methodisches Hilfsmittel der Theorie sind. Sie hat neuerdings in dem Buch von *Curtis* und *Reiner* eine moderne und überaus gründliche Darstellung erfahren. Die physikalischen Anwendungen werden gar nicht berücksichtigt; dagegen sind im Abschnitt D die wichtigsten Ergebnisse der reinen Gruppentheorie zusammengestellt, die mit Hilfe der Darstellungstheorie erzielt worden sind. Im Abschnitt E findet man einige nah verwandte Theorien und die Verallgemeinerung auf Halbgruppen.

In das Verzeichnis der Lehrbücher und Monographien sind die Bücher über allgemeine Gruppentheorie, die einen Abschnitt über Darstellungen enthalten, nicht aufgenommen worden; denn das sind die meisten. Ebenso fehlen Bücher, die nur von Darstellungen unendlicher Gruppen handeln. Dagegen sind die Bücher berücksichtigt worden, die den Anwendungen in der Physik gewidmet sind, da es sich in ihnen stets vorwiegend um Darstellungstheorie handelt.

Vollständigkeit in der Berücksichtigung der Literatur konnte angestrebt, gewiß nicht erreicht werden. Es ist auch darauf hinzuweisen, daß die Abgrenzung in vielen Fällen nach persönlichem Ermessen erfolgen muß, ferner daß die Auswahl der explizit anzuführenden Ergebnisse oft nicht sowohl durch ihre Wichtigkeit als vielmehr durch die Möglichkeit bedingt ist, sie auf kleinem Raum darzustellen; dies betrifft besonders den Abschnitt D, aber auch die übrigen. Die berücksichtigte Literatur reicht etwa bis Ende 1965.

Endlich ist es mir eine angenehme Pflicht, meinen Dank an den Verlag für seine große Geduld und an die Herren Dr. A. Kerber und H. Pahlings für die hingebungsvolle Hilfe bei der Schlußredaktion abzustatten.

1) B.L. van der Waerden, Ergebnisse der Mathematik und ihrer Grenzgebiete, 4, no. 2. Berlin 1935. 91 S.

A. ALLGEMEINE THEORIE DER GEWÖHNLICHEN DARSTELLUNGEN

2. *Grundbegriffe*. Unter einer *Darstellung* einer gegebenen Gruppe G, die vorerst nicht endlich zu sein braucht, versteht man einen Homomorphismus von G auf eine Gruppe von linearen Abbildungen eines Vektorraumes M über einem Körper K auf sich. "Körper" wird hier im klassischen Sinne verstanden, also mit kommutativem Gesetz. Der Vektorraum soll endliche Dimension n haben, die aber nicht vorgeschrieben wird; sie heißt *Grad* der Darstellung.

Die knappste Bezeichnung erhält man, wenn man das Bild von $x \in M$ bei der dem Element $s \in G$ zugeordneten Abbildung einfach mit sx bezeichnet. Der *Darstellungsraum* M wird so zum G-Linksmodul, zum *Darstellungsmodul*. Als Vektorraum über K ist er außerdem K-Modul (Links- und Rechtsmodul, d.h. die $\alpha \in K$ sind mit den $x \in M$ vertauschbar), also insgesamt abelsche Gruppe mit zwei Arten von Operatoren, von denen überdies die der einen Art mit denen der anderen vertauschbar sind. Die auf G bezüglichen Rechenregeln sind dann

$$(2.1)\qquad \begin{aligned} &\text{a) } s(x+y) = sx + sy \quad (s \in G,\ x,\ y \in M)\\ &\text{b) } s(\alpha x) = \alpha(sx) \quad (\alpha \in K)\\ &\text{c) } s(tx) = (st)x \quad (t \in G)\\ &\text{d) } 1 \cdot x = x \end{aligned}$$

wo 1 die Gruppeneins bezeichnet. Ist der Homomorphismus ein Isomorphismus, d.h. gilt für $s \neq t$ niemals $sx = tx$ für alle x, so heißt die Darstellung *treu*.

Gibt man sich in M eine Basis $e_1, \ldots, e_n$ und ist $se_k = \sum_{i=1}^{n} e_i \alpha_{ik}(s)$, so lautet die Abbildung $x \to sx = x'$ in Komponenten geschrieben $\xi'_i = \sum_{k=1}^{n} \alpha_{ik}(s)\xi_k$, und man hat eine *Matrixdarstellung* $s \to A(s)$ $(A(s) = (\alpha_{ik}(s)))$, die den Regeln

$$(2.2)\qquad \begin{aligned} &\text{a') } A(st) = A(s)A(t)\\ &\text{b') } A(1) = E_n \end{aligned}$$

genügt, wo E_n die n-dimensionale Einheitsmatrix bedeutet. Umgekehrt wird durch jede Matrixdarstellung eine Darstellung definiert. Durch die Worte "auf sich" in der Darstellungsdefinition bzw. die Bedingung d) oder b') werden "Nulldarstellungen" ausgeschlossen ($sx = 0$ für alle s und x bzw. $A(s) = 0$ für alle s) und solche, die eine Nulldarstellung als Konstituent (s.u.) enthalten. Aus a') und b') folgt $A^{-1}(s) = A(s^{-1})$; alle Matrizen sind nichtsingulär.

Zwei Darstellungen mit operatorisomorphen Darstellungsmoduln M_1, M_2 heißen *äquivalent* (in der älteren Literatur: *ähnlich*). Es liegt dann also eine umkehrbare lineare Abbildung von M_1 auf M_2 vor, *Äquivalenzabbildung* genannt, die mit den Operatoren $s \in G$ vertauschbar ist. Gibt man sich Basen in M_1 und M_2, so wird die Äquivalenzabbildung durch eine nichtsinguläre

Matrix P vermittelt, und es ist

(2.3) $$A_2(s) = P\,A_1(s)\,P^{-1}.$$

Zwei Matrixdarstellungen heißen stets äquivalent, wenn sie durch eine Formel (2.3) zusammenhängen. Es sind daher auch zwei Matrixdarstellungen äquivalent, die aus ein und derselben Darstellung durch verschiedene Basiswahl in M entstehen: zu jeder Darstellung gehört eine Klasse äquivalenter Matrixdarstellungen.

Eine Darstellung - oder auch der Darstellungsraum oder Darstellungsmodul M - heißt *reduzibel*, wenn es in M einen Untermodul (d. h. einen bei den $s \in G$ invarianten Teilraum) M_1 gibt, sonst *irreduzibel*. Bei Anpassung der Basis an den Teilraum erhält die Matrixdarstellung die Form

(2.4) $$\begin{pmatrix} A_1(s) & * \\ 0 & A_2(s) \end{pmatrix}$$

wobei $A_1(s)$ die in M_1, $A_2(s)$ die im Faktormodul M/M_1 bestimmte Darstellung beschreibt. Der Stern bedeutet, daß der Inhalt dieses rechteckigen Kästchens ohne Interesse ist. Eine Matrixdarstellung $A(s)$ heißt demnach reduzibel, wenn es eine zu $A(s)$ äquivalente Matrixdarstellung der Gestalt (2.4) gibt. Ist M direkte Summe zweier invarianter Teilräume M_1 und M_2: $M = M_1 \oplus M_2$, so erhält $A(s)$ bei Anpassung der Basis an M_1 und M_2 die Gestalt

(2.5) $$\begin{pmatrix} A_1(s) & 0 \\ 0 & A_2(s) \end{pmatrix}$$

wofür man auch $A_1(s) \dotplus A_2(s)$ schreibt; und jetzt beschreibt $A_2(s)$ zugleich die Darstellung in M_2. Die Darstellung heißt dann *zerfällbar*, sie "zerfällt" in die Darstellungen $A_1(s)$ und $A_2(s)$; sonst *unzerfällbar*. Die Darstellung heißt *vollständig reduzibel* oder *vollreduzibel*, wenn es eine Zerlegung

(2.6) $$M = M_1 \oplus \ldots \oplus M_r$$

mit irreduziblen M_i gibt; die Matrixdarstellung ist dann zu

(2.7) $$A_1(s) \dotplus \ldots \dotplus A_r(s)$$

äquivalent. Auch wenn eine Darstellung nicht vollreduzibel ist, gibt es eine zugehörige Matrixdarstellung der Gestalt

(2.8) $$\begin{pmatrix} A_1(s) & & * \\ & \ddots & \\ 0 & & A_r(s) \end{pmatrix}$$

mit irreduziblen $A_i(s)$, wo also links unterhalb der Hauptdiagonalenkästchen Nullen, rechts oberhalb irgendetwas steht: man wähle einen irreduziblen Teilraum M_1 (den es immer gibt, weil die Teilräume eines Vektorraumes endlicher Dimension der absteigenden Kettenbedingung genügen), dann einen irreduziblen Teilraum von M/M_1, usw.

In beiden Fällen, (2.7) und (2.8), kann man den Satz von *Jordan* und *Hölder* auf den Darstellungsraum als Gruppe mit Operatoren anwenden und erhält den *Eindeutigkeitssatz*: die in (2.7) oder (2.8) auftretenden Darstellungen $A_i(s)$ sind bis auf die Reihenfolge und bis auf Äquivalenz bestimmt. Sie heißen die irreduziblen *Konstituenten* der gegebenen Darstellung. Man sagt, ein Konstituent $A_i(s)$ komme darin mit der *Vielfachheit* q vor, wenn in der Zerlegung insgesamt q Konstituenten aus der Äquivalenzklasse von $A_i(s)$ auftreten. Eine ganz entsprechende Aussage gilt für die analog zu definierenden *unzerfällbaren Bestandteile*: man hat nur statt Jordan-Hölder den Satz von *Remak-Krull-Schmidt* über die Eindeutigkeit der Zerlegung einer Gruppe mit Operatoren in direkt-unzerlegbare Summanden anzuwenden.

Wir sprechen von *gewöhnlichen* Darstellungen, wenn der Körper K die Charakteristik 0 hat, von *modularen*, wenn die Charakteristik eine Primzahl p ist. (Aus Darstellungen, deren Matrixelemente ganze rationale Zahlen sind, entstehen modulare, wenn man sie modulo p nimmt; daher der Name.) *Absolut irreduzibel* heißt eine Darstellung, die bei jeder algebraischen Erweiterung des Grundkörpers irreduzibel bleibt. Sehr häufig interessiert man sich gerade für die Gesamtheit der absolut irreduziblen Darstellungen. Man setzt dann zweckmäßig K als algebraisch abgeschlossen voraus. Dann ist jede über K irreduzible Darstellung absolut irreduzibel, und man kann das Beiwort "absolut" weglassen. Bei den gewöhnlichen Darstellungen kann man dann einfachheitshalber den Körper der komplexen Zahlen nehmen.

Einsdarstellung heißt die Matrixdarstellung vom Grade 1, die jedem Gruppenelement die Zahl 1 zuordnet.

3. *Lemma von Schur. Verkettungsmatrizen.* $A(s)$ und $B(s)$ mit den Graden m bzw. n seien Matrixdarstellungen einer beliebigen Gruppe G (oder auch beliebige Matrixsysteme, die vom gleichen Parameter s abhängen), die zu den Vektorräumen M bzw. N gehören, und für alle s sei

$$P\,A(s) = B(s)\,P \tag{3.1}$$

mit einer festen (n, m)-Matrix P. Dann vermittelt P eine lineare Abbildung von M in N, deren Nullraum $M_0 \subseteqq M$ bei $A(s)$ und deren Bildraum $N_0 \subseteqq N$ bei $B(s)$ invariant ist. Sind nun $A(s)$ und $B(s)$ beide irreduzibel, so ist $M_0 = 0$ oder $= M$, also Rg $P = m$ oder $= 0$; ebenso ist $N_0 = 0$ oder $= N$, also Rg $P = 0$ oder $= n$. *Also ist entweder $P = 0$ oder es ist $m = n$ und P nichtsingulär, und $A(s)$ und $B(s)$ sind äquivalent* ("*Erster Teil des Lemmas von Schur*").

Um im zweiten Fall einen Überblick über die (3.1) erfüllenden Matrizen zu bekommen, genügt es den Fall $A(s) = B(s)$ zu betrachten, also nach den mit einem irreduziblen System $A(s)$ vom Grad n vertauschbaren Matrizen P zu fragen. Mit P ist für jedes $\beta \in K$ auch $\beta E_n - P$ mit $A(s)$ vertauschbar. Ist nun K algebraisch abgeschlossen, so erhält man einen Widerspruch, indem man für β eine Wurzel des charakteristischen Polynoms von P nimmt, außer es ist $P = \alpha E_n$: *Bei algebraisch abgeschlossenem Grundkörper ist ein irreduzibles System nur mit den "Multiplikationen" αE_n vertauschbar.* ("*Zweiter*

Teil des Lemmas von Schur".)

Allgemein heißt, wenn über $A(s)$ und $B(s)$ weiter nichts vorausgesetzt ist, jede (3.1) erfüllende Matrix P eine *Verkettungsmatrix* für A und B. Die Gesamtheit der Verkettungsmatrizen ist ein Vektorraum; seine Dimension heißt *Verkettungszahl* (*intertwining number*) von A und B. Nimmt man wieder $A(s) = B(s)$, so bilden die Verkettungsmatrizen (von A mit sich selbst) einen Ring, den Automorphismenring des Systems; er wurde von *Fitting* untersucht, dessen Resultate *van der Waerden* [1] referiert. Im Fall der Irreduzibilität ist er ein Schiefkörper, der bei algebraisch abgeschlossenem Grundkörper, wie wir sahen, mit diesem zusammenfällt.

Wie man Verkettungsmatrizen benutzen kann, um aus zwei Darstellungen einer endlichen Gruppe gemeinsame irreduzible Bestandteile herauszupräparieren, hat neuerdings *Frame* [2] gezeigt.

4. *Der Satz von Maschke.* Die Ordnung einer endlichen Gruppe G werden wir immer mit g bezeichnen. *Maschke* bewies 1899 *die volle Reduzibilität der gewöhnlichen Darstellungen endlicher Gruppen.* Am einfachsten beweist man den Satz, indem man verifiziert:

$$P = \begin{pmatrix} E_{n_1} & X \\ 0 & E_{n_2} \end{pmatrix} \text{ verkettet } \begin{pmatrix} A_1 & 0 \\ 0 & A_2 \end{pmatrix} \text{ und } \begin{pmatrix} A_1 & K \\ 0 & A_2 \end{pmatrix}$$

wenn man $X = (1/g) \sum_{t \in G} K(t) A_2(t^{-1})$ setzt; denn es genügt zu zeigen, daß jede reduzible Darstellung zerfällt. Man sieht, daß der Satz außer für gewöhnliche auch für modulare Darstellungen richtig ist, solange die Charakteristik p von K nicht in der Gruppenordnung g aufgeht. Das hat zur Folge, daß unter dieser Voraussetzung die Theorie der modularen Darstellungen mit der der gewöhnlichen zusammenfällt. Der Satz verliert aber tatsächlich seine Gültigkeit, wenn $p|g$ (Abschn. C). Bei kontinuierlichen Gruppen (und Charakteristik 0) gilt er in allen Fällen, wo man die obige Summe, die genauer eine Mittelwertbildung ist, durch einen Integralmittelwert über die Gruppe ersetzen kann. (Vgl. Art. 16 *Maak*).

Ebenfalls für endliche und die soeben erwähnten kontinuierlichen Gruppen gilt übrigens der Satz, daß jede Matrixdarstellung *normal*, d. h. zu einer unitären äquivalent ist: übt man etwa auf die Hermitesche Einheitsform alle Transformationen der Darstellung aus und mittelt über die Gruppe, so erhält man eine bei allen Transformationen der Darstellung invariante positiv definite Hermitesche Form, die man durch geeignete Basiswahl wieder in die Einheitsform überführt. War die Darstellung reell, so ergibt sich eine äquivalente orthogonale. Geometrische Eigenschaften von orthogonalen Darstellungen endlicher Gruppen hat *Robinson* [3] studiert.

1) B. L. van der Waerden, Ergebnisse der Mathematik und ihrer Grenzgebiete, 4, no. 2. Berlin 1935. 91 S.

2) J. S. Frame, Proceedings of Symposia in Pure Mathematics. Vol. VI, 89-99 (1960).

3) G. de B. Robinson, Proc. London Math. Soc. (2) 43, 289-301 (1937).

Für die volle Reduzibilität aller Darstellungen einer beliebigen Halbgruppe über algebraisch abgeschlossenem Grundkörper ist es, wie *Brauer*[4] gezeigt hat, schon hinreichend, daß alle Darstellungen zerfallen, die aus einer beliebigen irreduziblen Darstellung und der Einsdarstellung bestehen.

Die Grundtatsache des Satzes von Maschke ist diese: wenn ein Darstellungsmodul M einen Untermodul M_1 besitzt, so gibt es in M einen zu M_1 und einen zu M/M_1 isomorphen direkten Summanden. Von diesem Sachverhalt gehen die modernen Verallgemeinerungen des Satzes aus. *Gaschütz*[5] betrachtet G-Links und K-Rechtsmoduln (G eine endliche Gruppe, K braucht kein Körper zu sein; gar keine Voraussetzung über K) und nennt einen solchen Modul A einen *oberen* (*unteren*) *Maschkemodul* M_o (M_u), wenn aus "A ist Faktormodul von M" ("A ist Untermodul von M") immer folgt: es gibt in M einen zu A isomorphen direkten Summanden (wo M ein beliebiger Modul der gleichen Art ist). Der Hauptsatz von Gaschütz lautet: A ist M_o und M_u genau wenn A einen Endomorphismus α besitzt, für den $\sum_{t \in G} t\alpha t^{-1} = 1$ gilt. Notwendig und hinreichend ist z. B., daß A direkter Summand des *regulären* G-K-Moduls ist (der analog zur regulären Darstellung gebildet wird, vgl. Nr. 5); hinreichend ist, daß $x \to gx$ (wo g die Ordnung von G) ein Automorphismus von A ist; ist K Schiefkörper der Charakteristik p, so ist das letztere gleichbedeutend mit $p \nmid g$. *Ikeda*[6] betrachtet statt Gruppen Algebren und zeigt u. a., daß für gewisse *Frobenius-Algebren* (das sind Algebren, mit Einselement, bei denen links- und rechtsreguläre Darstellung - vgl. Nr. 5 - äquivalent sind) immer noch die Eigenschaften M_o und M_u zusammenfallen. Weitere Verallgemeinerungen und neuere Resultate über M_o- und M_u-Moduln (in neuerer Terminologie: projektive und injektive Moduln) in Arbeiten von *Nagao* und *Nakayama*[7], *Higman*[8], *Reiner*[9], *Rim*[10], *Swan*[11], *Banaschewski*[12].

5. *Gruppenring. Reguläre Darstellung. Anzahlsatz.* Die Gruppenalgebra oder der *Gruppenring KG* der endlichen Gruppe G der Ordnung g über dem Körper K entsteht, indem man die Gruppenelemente als Basis einer Algebra über K nimmt, in der die Multiplikation distributiv durch die der Gruppenelemente erklärt wird. Für seine Elemente schreiben wir $a = \sum_{s \in G} \alpha(s)s$, $\alpha(s) \in K$ und verabreden noch $\beta s = s\beta$ ($\beta \in K$, $s \in G$); dann liegt die Unteralgebra der $\alpha 1$ im Zentrum von KG und ist zu K isomorph. Um Darstellungen von KG zu erklären, schreibt man in den Regeln (2.1) a und b statt s und t und ersetzt b) (das jetzt aus c) folgt) durch die Forderung $(a + b)x = ax + bx$. Ent-

4) R. Brauer, Math. Z. 41, 330-339 (1936).
5) W. Gaschütz, Math. Z. 56, 376-387 (1952).
6) M. Ikeda, Osaka Math. J. 5, 53-58 (1953).
7) H. Nagao und T. Nakayama, Math. Z. 59, 164-170 (1953).
8) D.G. Higman, Duke Math. J. 21, 369-376 (1954).
9) I. Reiner, Canad. J. Math. 8, 329-334 (1956).
10) D.S. Rim, Ann. Math. (2) 69, 700-712 (1959).
11) R.G. Swan, Bull. Amer. Math. Soc. 65, 365-367 (1959).
12) B. Banaschewski, Arch. Math. 15, 271-275 (1964).

sprechend ist in (2.2) zu verfahren; hier kommt $A(a+b)=A(a)+A(b)$ und $A(\lambda a)=\lambda A(a)$ hinzu. Dann ist jeder G-Linksmodul zugleich KG-Linksmodul und umgekehrt, und zur Matrixdarstellung $A(s)$ von G gehört die Matrixdarstellung $A(a)=\sum_{s\in G}\alpha(s)A(s)$ von KG. Beide sind jeweils zugleich reduzibel oder nicht, zerfällbar oder nicht.

Die Darstellung, die man erhält, wenn man KG als KG-Linksmodul $_{KG}KG$ ansieht, heißt die *reguläre Darstellung* von KG, die darin enthaltene von G die reguläre Darstellung von G. Invariante Teilräume sind die Linksideale in KG, irreduzible Teilräume die minimalen Linksideale.

Um durch den Gruppenring den Überblick über die gewöhnlichen Darstellungen zu bekommen, setzen wir voraus, daß K die Charakteristik 0 oder p mit $p\nmid g$ hat. Dann besagt der Satz von Maschke, angewandt auf die reguläre Darstellung, daß KG direkte Summe von minimalen Linksidealen, also halbeinfach ist.

In der regulären Darstellung kommt jede irreduzible vor, d. h. ist M irreduzibler Darstellungsmodul, so gibt es in KG ein zu M äquivalentes Linksideal. Ist nämlich L irgendein minimales Linksideal und $0\neq x_0\in M$, dann ist die Abbildung $a\to ax_0$ $(a\in L)$ ein Operatorhomomorphismus; nach Schurs Lemma I (Nr. 3) ist entweder das Bild Null oder die Abbildung eine Äquivalenzabbildung. Es kann nicht für jedes L aus KG der erste Fall eintreten, denn zerlegt man die $1\in KG$ nach einer Zerlegung von KG in minimale Linksideale, so erhält man eine Zerlegung von $1x_0=x_0\neq 0$ in Summanden, die dann alle 0 wären.

Aus der Zerlegungstheorie der halbeinfachen Algebren erhält man also die Übersicht über die irreduziblen Darstellungen und damit über alle gewöhnlichen Darstellungen überhaupt. Man schreibe eine Zerlegung von KG in minimale Linksideale in der Gestalt

$$KG=\sum_{\mu=1}^{r}\sum_{\rho=1}^{f_\mu}L_\rho^{(\mu)} \tag{5.1}$$

derart, daß immer äquivalente Linksideale jeweils den gleichen oberen Index tragen. Dann ist $\sum_{\rho=1}^{f_\mu}L_\rho^{(\mu)}=A^{(\mu)}$ einfaches zweiseitiges Ideal, und

$$KG=\sum_{\mu=1}^{r}A^{(\mu)} \tag{5.2}$$

ist die eindeutig bestimmte Zerlegung in einfache zweiseitige Ideale, die sich gegenseitig annullieren. Wir führen jetzt die Voraussetzung ein, daß K algebraisch abgeschlossen ist (vgl. die Bemerkung am Schluß von Nr. 2). Dann ist $A^{(\mu)}$ zum vollen Matrixring des Grades f_μ über K isomorph. Zerlegt man $a\in KG$ nach (5.2): $a=\sum_{\mu=1}^{r}a^{(\mu)}$ und ordnet man dem a die der Komponente $a^{(\mu)}$ bei diesem Isomorphismus entsprechende Matrix zu, so ist das gerade die μ-te irreduzible Darstellung, d. h. die durch jedes der $L_\rho^{(\mu)}$ $(\rho=1,\ldots,f_\mu)$ vermittelte. f_μ ist zugleich die Anzahl und die Dimension der $L_\rho^{(\mu)}$, also der Grad dieser Darstellung: *in der regulären Darstellung kommt jede irreduzible so oft vor wie ihr Grad beträgt.* r ist die Anzahl der verschiedenen irreduziblen Darstellungen, d. h. der Äquivalenzklassen irreduzibler Darstellungen. Indem man die 1 nach (5.1) zerlegt: $1 = \sum_{\mu=1}^{r} e^{(\mu)}$, $e^{(\mu)} = \sum_{\rho=1}^{f_\mu} e_\rho^{(\mu)}$, erhält man erzeugende Idempotente $e_\rho^{(\mu)}$ der $L_\rho^{(\mu)}$, die sich alle gegenseitig annullieren. $e^{(\mu)}$ ist das Einselement von $A^{(\mu)}$, dessen Zentrum $Z^{(\mu)}$ aus den Elementen $\alpha e^{(\mu)}$ besteht, $\alpha \in K$. Das Zentrum Z von KG ist direkte Summe der $Z^{(\mu)}$, die $e^{(\mu)}$ bilden also eine Basis des Zentrums. Somit *ist die Anzahl der verschiedenen irreduziblen Darstellungen gleich der Dimension des Zentrums von KG.* Eine andere Basis des Zentrums wird, wie man leicht nachrechnet, von den "Klassensummen" $k_\rho = \sum_{s \in K_\rho} s$ gebildet, wo K_ρ eine Klasse konjugierter Elemente von G bedeutet. Deren Anzahl ist also ebenfalls r, und *die Anzahl der verschiedenen irreduziblen Darstellungen von G stimmt mit der Anzahl der Klassen konjugierter Elemente in G überein.*

Ähnliche Anzahlsätze sind auch unter Verallgemeinerung sowohl des Begriffs "konjugiert" wie des Darstellungsbegriffs bewiesen worden [13]. Die Theorie vom Zentrum des Gruppenrings wird verallgemeinert durch die von *Wielandt* [14] eingeführte und besonders von *Tamaschke* [15] weiterentwickelte Theorie der *S-Ringe*, das sind Unteralgebren eines Gruppenrings, die ebenfalls die Klassensummen bei gewissen Klasseneinteilungen der Gruppe als Basis haben.

Neben der oben betrachteten regulären Darstellung, die wir, als durch Linksmultiplikationen erzeugt, für den Augenblick die linksreguläre nennen und mit $L(s)$ bezeichnen wollen, kann man auch die durch Rechtsmultiplikationen bestimmte rechtsreguläre $R(s)$ betrachten, die allerdings eine "verkehrt isomorphe", also keine eigentliche Darstellung ist. Wohl aber ist $R(s^{-1})$ eine und daher auch, weil Links- und Rechtsmultiplikationen vertauschbar sind, das Produkt $P(s) = L(s)R(s^{-1})$, welches *Frame* [16] betrachtet und "konjugierende" (conjugating) Darstellung genannt hat, weil $P(s)$, auf Gruppenelemente t angewandt, die Abbildung $t \to sts^{-1}$ ist. $P(s)$ zerfällt daher in transitive Darstellungen $P_\rho(s)$, die den einzelnen Klassen K_ρ entsprechen.

13) I. D. Ado, Dokl. Akad. Nauk SSSR (N. S.) 50, 11-14 (1945); Mat. Sb. (N. S.) 36 (78), 25-30 (1955); S. D. Berman, Mat. Sb. (N. S.) 44 (86), 409-456 (1958).
14) H. Wielandt, Math. Z. 52, 384-393 (1950).
15) O. Tamaschke, Math. Z. 80, 328-354, 443-465 (1962/1963); 84, 101-119 (1964); J. Algebra 1, 215-232 (1964).
16) J. S. Frame, Bull. Amer. Math. Soc. 53, 584-589 (1947).

In ihrer Eigenschaft als Permutationsdarstellung der Gruppenelemente hat *Kulakoff* [17] die reguläre Darstellung in einer Reihe von Abhandlungen untersucht.

Wir bezeichnen im folgenden mit $D_1(s), \ldots, D_r(s)$ ein System von Repräsentanten der Äquivalenzklassen irreduzibler Matrixdarstellungen und zwar so, daß $D_1(s)$ die Einsdarstellung (Nr. 2, Ende) ist; desgleichen die Klassen mit $K_1, \ldots, K_r$ so, daß $K_1 = \{1\}$. Da das Zentrum Z von KG eine Algebra mit der Basis $k_1, \ldots, k_r$ ist, gelten Multiplikationsformeln

$$k_\rho k_\sigma = \sum_{\tau=1}^{r} c_{\rho\sigma\tau} k_\tau \,, \tag{5.3}$$

deren Koeffizienten $c_{\rho\sigma\tau}$ aus der Multiplikationstafel von G bestimmt werden können. Wegen $k_\rho \in Z$ muß nach Schurs Lemma II für jede (absolut) irreduzible Darstellung $D(a)$ des Gruppenrings $D(k_\rho) = \eta_\rho E_f$ (f der Grad der Darstellung) gelten. Es ist dann auch

$$\eta_\rho \eta_\sigma = \sum_{\tau=1}^{r} c_{\rho\sigma\tau} \eta_\tau \,, \tag{5.4}$$

die η_ρ bilden also eine Darstellung vom Grad 1 oder, wie man auch sagt, einen *linearen Charakter* von Z.

Die Frage, unter welchen Umständen nichtisomorphe Gruppen isomorphe Gruppenringe haben, ist noch nicht allgemein beantwortet. Leicht erkennt man, daß alle abelschen Gruppen der gleichen Ordnung über dem Körper der komplexen Zahlen isomorphe Gruppenalgebren haben. Darüber hinaus bestimmten *Perlis* und *Walker* [18] zu zwei abelschen Gruppen G und H der gleichen Ordnung alle Körper K, deren Charakteristiken diese Ordnung nicht teilen, mit $KG \cong KH$. Es ergibt sich dabei insbesondere für den rationalen Zahlkörper Q, daß bei abelschen Gruppen aus $QG \cong QH$ immer $G \cong H$ folgt. Dies gilt, wie *Berman* [19] zeigte, auch für eine ganze Klasse nichtabelscher Gruppen, z. B. für die Hamiltonschen Gruppen. Kriterien für die Isomorphie halbeinfacher Gruppenalgebren findet man auch bei *Berman* [20] und *Coleman* [21]. Teilt dagegen die Charakteristik von K (sie sei p) die Ordnung der *abelschen* Gruppen G und H, so gilt, wie *Deskins* [22] zeigte (vgl. auch *Coleman* [23]), $KG \cong KH$ genau dann, wenn die p-Sylow-Untergruppen von G und H und die Gruppenalgebren der Faktorgruppen nach den p-Sylow-Untergruppen isomorph sind. *Passman* [24] bewies, daß zwei Gruppen über

17) A.A. Kulakoff, Rec. Math. [Mat. Sb.] (N.S.) 2 (44), 357-359, 1003-1006 (1937); 3 (45), 187-189 (1938); 4 (46), 371-373 (1938); 8 (50), 69-72 (1940); Gedenkwerk D.A. Gravé. Moskau 1940, 104-109; C.R. (Doklady) Acad. Sci. URSS (N.S.) 54, 113-116 (1946).
18) S. Perlis und G.L. Walker, Trans. Amer. Math. Soc. 68, 420-426 (1950).
19) S.D. Berman, Užgorod. Gos. Univ. Naučn. Zap. Him. Fiz. Mat. 12, 88-110 (1955).
20) S.D. Berman, Dokl. Akad. Nauk SSSR (N.S.) 91, 185-187 (1953).
21) D.B. Coleman, Trans. Amer. Math. Soc. 105, 1-8 (1962).
22) W.E. Deskins, Duke Math. J. 23, 35-40 (1956).
23) D.B. Coleman, Proc. Amer. Math. Soc. 15, 511-514 (1964).
24) D.S. Passman, Pacific J. Math. 15, 561-583 (1965).

jedem Körper, dessen Charakteristik die Gruppenordnungen nicht teilt, isomorphe Gruppenringe haben, sofern dies nur für ihre Algebren über Q zutrifft. Ferner gab Passman eine Abschätzung dafür an, wieviele nichtisomorphe p-Gruppen mit isomorphen Gruppenringen über Q es mindestens gibt. Über $GF(p)$ dagegen haben nichtisomorphe p-Gruppen der Ordnung $\leq p^4$ auch nichtisomorphe Gruppenringe (*Passman* [25]).

Mehr Aussagen über die Gruppen G und H lassen sich machen, wenn man sogar voraussetzt, daß $RG \cong RH$ gilt, wobei R der Ring der ganzen Zahlen eines algebraischen Zahlkörpers ist. *Passman* [26] und *Cohn* und *Livingstone* [27] gelang es zu beweisen, daß es in diesem Fall einen Verbandsisomorphismus des Verbandes der Normalteiler von G auf den der Normalteiler von H gibt, bei dem viele gruppentheoretisch wichtige Eigenschaften erhalten bleiben. Aus diesen Ergebnissen folgt z. B. für abelsche und Hamiltonsche Gruppen, sowie für nilpotente Gruppen der Klasse 2 und p-Gruppen der Ordnung $\leq p^4$, daß die Isomorphie der Gruppenringe die Isomorphie der Gruppen nach sich zieht. Für den Fall, daß R der Ring der ganzen rationalen Zahlen ist, findet man auch Ergebnisse bei *Berman* [28], *Higman* [29], *Losey* [30], *Weidman* [31] und *Kunz* [32].

6. *Charaktere*. Die Gruppe G sei wieder endlich, die Charakteristik des Körpers K Null. Ist $D(s)$ eine Matrixdarstellung, so heißt die Spur $\mathrm{Sp}D(s)$ der Matrix $D(s)$ der *Charakter* von $D(s)$ und wird mit $\chi(s)$ bezeichnet. Wegen $\mathrm{Sp}(PD(s)P^{-1}) = \mathrm{Sp}D(s)$ haben erstens äquivalente Matrixdarstellungen den gleichen Charakter, so daß dieser eine durch die Darstellung schlechthin bestimmte Gruppenfunktion ist, und gehört zweitens zu konjugierten Gruppenelementen der gleiche Charakterwert: es handelt sich um eine *Klassenfunktion*.

Mit Hilfe seines Lemmas bewies *Schur* Orthogonalitätsrelationen für die Matrixelemente zweier irreduziblen Darstellungen $A(s)$ (vom Grad n) und $B(s)$:

$$(6.1) \qquad \sum_{t\in G} \alpha_{ij}(t)\beta_{lk}(t^{-1}) = \begin{cases} g/n, & \text{wenn } B(s) = A(s),\ i=k,\ j=l \\ 0 & \text{sonst} \end{cases}$$

aus denen er die Orthogonalitätsrelationen für die Charaktere gewinnt:

$$\sum_{\rho=1}^{r} h_\rho \chi_\rho^\mu \chi_{\rho'}^\nu = \begin{cases} g & (\mu=\nu) \\ 0 & (\mu\neq\nu) \end{cases}$$

25) D.S. Passman, Michigan Math. J. 12, 405-415 (1965).
26) loc. cit. 24).
27) J.A. Cohn und D. Livingstone, Canad. J. Math. 17, 583-593 (1965).
28) S.D. Berman, Dopovidi Akad. Nauk Ukrain. RSR 1953, 313-316.
29) G. Higman, Proc. London Math. Soc. (2) 46, 231-248 (1940).
30) G. Losey, Trans. Amer. Math. Soc. 97, 474-486 (1960).
31) D.R. Weidman, Illinois J. Math. 9, 462-467 (1965).
32) E. Kunz, Math. Ann. 163, 346-350 (1966).

Hier bezeichnet χ_ρ^μ den Charakterwert der μ-ten irreduziblen Darstellung für die Elemente der Klasse K_ρ; es ist $\chi_1^\mu = f_\mu$; h_ρ ist die Ordnung von K_ρ, $K_{\rho'}$ ist die Klasse der zu den Elementen von K_ρ inversen Elemente.

Da bei endlichen Gruppen alle Darstellungen normal sind (Nr. 3), ist immer $\chi_{\rho'} = \bar{\chi}_\rho$ (zu χ_ρ konjugiert-komplex), und man kann

$$\sum_{\rho=1}^{r} h_\rho \chi_\rho^\mu \bar{\chi}_\rho^\nu = \begin{cases} g & (\mu=\nu) \\ 0 & (\mu\neq\nu) \end{cases} \tag{6.2}$$

schreiben. Aus (6.2), den *Orthogonalitätsrelationen für die Zeilen* der Charakterentafel (in deren jeder Zeile der Charakter einer irreduziblen Darstellung steht) folgen leicht diejenigen *für die Spalten* (die je zu einer Klasse konjugierter Elemente gehören):

$$\sum_{\mu=1}^{r} \chi_\rho^\mu \bar{\chi}_\sigma^\mu = \begin{cases} g/h_\rho & (\rho=\sigma) \\ 0 & (\rho\neq\sigma) \end{cases} \tag{6.3}$$

Der Charakter bestimmt die Darstellung: enthält eine Darstellung $D(s)$ die μ-te irreduzible mit der Vielfachheit n_μ (durch diese Vielfachheiten ist $D(s)$ bis auf Äquivalenz bestimmt), so ist ihr Charakter $\chi_\rho = \sum_{\mu=1}^{r} n_\mu \chi_\rho^\mu$, und mit Hilfe von (6.2) berechnet man leicht

$$n_\mu = (1/g) \sum_{\rho=1}^{r} h_\rho \chi_\rho \bar{\chi}_\rho^\mu .$$

Außerdem findet man

$$\sum_{\rho=1}^{r} h_\rho \chi_\rho \bar{\chi}_\rho = g \sum_{\mu=1}^{r} n_\mu^2 \begin{cases} = g, & \text{wenn } D(s) \text{ irreduzibel} \\ > g, & \text{wenn } D(s) \text{ reduzibel.} \end{cases}$$

Orthogonalitätsrelationen für die Realteile bzw. Imaginärteile der Charaktere allein hat *Kulakoff* [33] hergeleitet. *Nagao* [34] zeigte, wie man aus (6.3) die vollständigen Relationen (6.1) für die Matrixelemente gewinnen kann. *Frame* [35] stellt eine ganze Liste von Charakterrelationen auf, bestehend zuerst aus allgemein gültigen, dann solchen, die speziell für einfache Gruppen gelten. Er zeigt, daß mit ihrer Hilfe allein z. B. die Charakterentafel der beiden einfachen Gruppen der Ordnungen 60 und 168 berechnet werden können.

Die Frage, ob die Charakterentafel die Gruppe bestimmt, ist zu verneinen: schon die gewöhnliche Quaternionengruppe und die Diedergruppe des

33) A. A. Kulakoff, Rec. Math. [Mat. Sb.] (N. S.) 1, 257-260 (1936).
34) H. Nagao, Canad. J. Math. 11, 59-60 (1959).
35) J. S. Frame, Tôhoku Math. J. 42, 295-299 (1936).

Quadrats, beide von der Ordnung 8, besitzen die gleiche Charakterentafel, überhaupt für jedes p die beiden nichtabelschen Gruppen der Ordnung p^3. *Nagao*[36] bewies jedoch, daß eine endliche Gruppe, deren Charakterentafel mit derjenigen einer symmetrischen Gruppe S_n übereinstimmt, zu S_n isomorph ist, und *Oyama* [37] bewies das Analogon hierzu für die alternierenden Gruppen A_n, *Yokonuma* [38] für spezielle "verallgemeinerte symmetrische Gruppen". - "Gleiche Charakterentafel" bedeutet natürlich "bei einer geeigneten eineindeutigen Zuordnung der Klassen". Bezeichnet $K^{[m]}$ die Klasse der m-ten Potenzen der Elemente von K, so hat *Brauer* [39] die Frage aufgeworfen, ob wenigstens die Isomorphie der Gruppen folgt, wenn bei dieser Zuordnung aus $K \to K^*$ immer $K^{[m]} \to K^{*[m]}$ folgt. *Dade* [40] hat gezeigt, daß es nicht der Fall ist, nicht einmal für p-Gruppen.

Dem Dualismus zwischen den Klassen konjugierter Gruppenelemente einerseits und den absolut irreduziblen Charakteren andererseits, der diese ganze Theorie durchzieht, sind *Iizuka* und *Nakayama* [41] weiter nachgegangen. Sie betrachten Verallgemeinerungen der Relationen (6.2) auf der einen und solche von (6.3) auf der anderen Seite und beweisen, daß immer aus einer Relation der einen Art eine der anderen Art folgt.

Osima [42] hat gezeigt, wie man die Charakterenrelationen von den Gruppenringen auf die *Frobenius-Algebren*, die bereits in Nr. 3 erwähnt worden sind, verallgemeinern kann.

Weil $s^g = 1$ für alle $s \in G$, ist jeder Charakterwert Summe von g-ten Einheitswurzeln (sogar in der Klasse K_ρ von (g/h_ρ)-ten, weil die Ordnung jedes Elements in der Ordnung seines Zentralisators aufgeht), also ganz algebraisch. Auch die zu den irreduziblen Darstellungen gehörigen Zahlen η_ρ^μ (Ende von Nr. 5) stellen sich als ganze algebraische Zahlen heraus. Mit Hilfe der Beziehung $\chi_1 \eta_\rho = h_\rho \chi_\rho$, die aus $D(k_\rho) = \sum_{s \in K_\rho} D(s)$ folgt, ist es leicht, die η_ρ aus den χ_ρ zu berechnen und umgekehrt. Zugleich stellt sich heraus, daß auch g/χ_1 ganz algebraisch, d. h. aber, daß *der Grad einer irreduziblen Darstellung Teiler der Gruppenordnung ist*. (*Frobenius* 1894). Er ist sogar Teiler vom Index des Zentrums (*Schur* 1904), ja sogar vom Index eines jeden maximalen abelschen Normalteilers (*Itô* [43]). Mit Hilfe der regulären Darstellung gab *Zassenhaus* [44] eine Matrix an, welche die Zahlen $(g/f_\mu)^2$ zu - mehrfachen - Eigenwerten hat. *Murnaghan* [45] gelang es dann eine zu finden, die sie zu einfachen Eigenwerten hat.

Der Gedanke, die ganze Charakterentheorie aus (5.3) zu entwickeln,

36) H. Nagao, J. Inst. Polytechn. Osaka City Univ. Ser. A. 8, 1-8 (1957).
37) T. Oyama, Osaka J. Math. 1, 91-101 (1964).
38) T. Yokonuma, J. Fac. Sci. Univ. Tokyo Sect. I 12, 193-211 (1965).
39) R. Brauer, Representations of finite groups, s. Lehrbücherverzeichnis.
40) E.C. Dade, J. Algebra 1, 1-4 (1964).
41) K. Iizuka und T. Nakayama, Nagoya Math. J. 20, 185-194 (1962).
42) M. Osima, J. Math. Soc. Japan 4, 1-13 (1952).
43) N. Itô, Nagoya Math. J. 3, 5-6 (1951).
44) H.J. Zassenhaus, Can. J. Math. 2, 166-167 (1950).
45) F.D. Murnaghan, Proc. Nat. Acad. Sci. U.S.A. 37, 441-442 (1951).

wurde von *Hoheisel* [46] systematisch verfolgt, der insbesondere untersuchte, welche (bei Gruppen erfüllten) Bedingungen man dazu den Zahlen $c_{\rho\sigma\tau}$ auferlegen muß.

Solomon [47] betrachtet die Summe s aller Zahlen der Charakterentafel und beweist: s ist ganz rational und $h \leq s \leq g$, wo h die Ordnung eines maximalen abelschen Normalteilers ist. Hierbei ist $s=g$ genau wenn die Faktorgruppe nach dem Zentrum abelsch ist, $s=h$ genau wenn G abelsch ist.

Jede Linearkombination mit nichtnegativen ganzrationalen Koeffizienten der irreduziblen Charaktere ist natürlich ein Charakter. Auch das Produkt zweier Charaktere ist ein Charakter (Nr. 7). Nennt man jede Linearkombination der irreduziblen Charaktere mit ganzrationalen Koeffizienten einen *verallgemeinerten Charakter*, so bilden diese verallgemeinerten Charaktere einen Ring, den *Charakterring* von *G. Brauer* [48] gibt im Zusammenhang mit seinen später (Nr. 9 und 10) zu besprechenden Untersuchungen notwendige und hinreichende Bedingungen dafür an, daß eine komplexwertige Funktion $\theta(s)$ auf der Gruppe zum Charakterring gehört: sie muß I) eine Klassenfunktion sein; II) muß für jede elementare Untergruppe E von G die Einschränkung von θ auf E zum Charakterring von E gehören; dabei heißt eine Untergruppe (p)-*elementar*, wenn sie direktes Produkt einer p-Gruppe und einer zyklischen Gruppe von zu p primer Ordnung ist. Erfüllt $\theta(s)$ noch III) $\sum_{s \in G} |\theta(s)|^2 = g$, IV) $\theta(1) \geq 0$, so ist $\theta(s)$ irreduzibler Charakter. Andere Beweise hierfür und Verallgemeinerungen findet man bei *Roquette* [49], *Tachikawa* [50], *Asano* [51], *Shiratani* [52], *Green* [53].

Banaschewski [54] bestimmt die maximalen Ideale des Charakterrings. Weitere Verallgemeinerung des Charakterbegriffs: *Berman* [55]; daß der Charakterring die Charakterentafel bestimmt, zeigte *Weidman* [56].

7. *Kronecker-Produkte*. Das *Kronecker-Produkt* $A(s) \times B(s) = (\alpha_{ij}(s)\beta_{kl}(s))$ (Zeilenindex (i,k), Spaltenindex (j,l); die Reihenfolge der Zeilen bzw. der Spalten braucht nicht festgelegt zu werden, weil Permutationen der Basiselemente Äquivalenzabbildungen sind) zweier Matrixdarstellungen einer beliebigen Gruppe G ist wegen der für Kroneckerprodukte gültigen Formel $(A_1 \times B_1)(A_2 \times B_2) = A_1A_2 \times B_1B_2$ wieder eine Darstellung. Der

46) G. Hoheisel, Monatsh. Math. 48, 448-456 (1939).
47) L. Solomon, Proc. Amer. Math. Soc. 12, 962-963 (1961).
48) R. Brauer, Proceedings of the International Congress of Mathematicians, Cambridge, Mass. 1950, vol. 2, 33-36. Amer. Math. Soc., Providence, R. I. 1952; Ann. Math. (2) 57, 357-377 (1953); R. Brauer und J. Tate, Ann. Math. (2) 62, 1-7 (1955).
49) P. Roquette, J. reine angew. Math. 190, 148-168 (1952).
50) H. Tachikawa, Sci. Rep. Tokyo Kyoiku Daigaku Sect. A 4, 332-334 (1954).
51) K. Asano, Proc. Japan Acad. 31, 501-503 (1955).
52) K. Shiratani, Mem. Fac. Sci. Kyushu Univ. Ser. A. Math. 11, 99-115 (1957).
53) J.A. Green, Proc. Cambridge Philos. Soc. 51, 237-239 (1955).
54) B. Banaschewski, Canad. J. Math. 15, 605-612 (1963).
55) S.D. Berman, Dopovidi Akad. Nauk Ukrain. RSR 1957, 112-115.
56) loc. cit. [31].

Darstellungsmodul ist Tensorprodukt der Darstellungsmoduln von A und B im modernen Sinne, doch erübrigt es sich hierauf einzugehen. Der Charakter des Kroneckerprodukts ist das (gewöhnliche) Produkt der Charaktere der Faktoren. Bei den irreduziblen Darstellungen einer endlichen Gruppe folgt aus der Formel

$$D_\lambda(s) \times D_\mu(s) = \sum_{\nu=1}^{r} d_{\lambda\mu\nu} D_\nu(s)$$

mit nichtnegativen ganzen $d_{\lambda\mu\nu}$ die entsprechende

$$\chi_\rho^\lambda \chi_\rho^\mu = \sum_{\nu=1}^{r} d_{\lambda\mu\nu} \chi_\rho^\nu$$

für die Charaktere, aus der man nach Nr. 6

$$d_{\lambda\mu\nu} = (1/g) \sum_{\rho=1}^{r} h_\rho \chi_\rho^\lambda \chi_\rho^\mu \bar{\chi}_\rho^\nu$$

berechnet. Nach (6.2) ist $d_{\lambda\mu 1} = 1$ oder 0 jenachdem $\bar{\chi}_\rho^\lambda = \chi_\rho^\mu$ oder nicht. $\bar{\chi}_\rho^\lambda$ ist der Charakter der zu $D_\lambda(s)$ *kontragredienten* Darstellung ${}^tD_\lambda^{-1}(s)$ (${}^tD$ = transponierte Matrix). Das Kroneckerprodukt zweier irreduziblen Darstellungen enthält also die Einsdarstellung einmal oder keinmal, jenachdem sie zueinander kontragredient sind oder nicht. Dies folgt auch direkt aus dem Schurschen Lemma (Nr. 3). Es gilt sogar allgemeiner: das Kroneckerprodukt zweier Matrixdarstellungen $A(s)$ und $B(s)$ enthält die Einsdarstellung l-mal, wenn A mit der Kontragredienten von B l-fach verkettet ist (Nr. 3). Jede Verkettungsmatrix ist nämlich invarianter "Vektor" für $A(s) \times B(s)$ [57].

Betrachtet man (*Mackey* [58]) das Kroneckerquadrat $A \times A$ einer Matrixdarstellung $A(s)$ vom Grad f über einem Körper, dessen Charakteristik $\neq 2$ ist, so besteht der Darstellungsraum aus gleichfalls f-reihigen Matrizen T, die man auch als Tensoren zweiter Stufe auffassen kann. Die Abbildung $T \to {}^tT$ in diesem Darstellungsraum ist mit $A \times A$ vertauschbar, deshalb ist er direkte Summe der Teilräume der symmetrischen und der antisymmetrischen Tensoren, und entsprechend zerfällt $A \times A$ in das *symmetrische Kroneckerprodukt* $A Ⓢ A$ und das *antisymmetrische* $A Ⓐ A$. Ist T Verkettungsmatrix von A und ${}^tA^{-1} = \tilde{A}$ (wir können A unitär annehmen), so ist es auch ${}^tT$, also zerfällt auch der Raum der Verkettungsmatrizen von A und $\tilde{A}$ der Dimension $J(\tilde{A}, A)$ (das ist die Verkettungszahl von A und $\tilde{A}$) in einen symmetrischen der Dimension $J_S(\tilde{A}, A)$ und einen antisymmetrischen der Dimension $J_A(\tilde{A}, A)$; $J = J_S + J_A$. J_S und J_A heißen *symmetrische* und *antisymmetrische Verkettungszahl* von A und $\tilde{A}$. Handelt es sich um eine endliche Gruppe und um den Körper der komplexen Zahlen, dann kann man A unitär annehmen, und es ist $\tilde{A} = \bar{A}$. $c(A) = J_S - J_A$ ist dann eine schon von *Frobenius* und *Schur* eingeführte Invariante, die bei einer irreduziblen Dar-

57) loc. cit. [4].

58) G.W. Mackey, Amer. J. Math. 75, 387-405 (1953).

stellung D_λ über algebraisch abgeschlossenem Grundkörper - sie heiße dann c_λ - nur die Werte ±1 oder 0 annehmen kann, weil $J(\bar{D}_\lambda, D_\lambda) \leqq 1$, und die das Realitätsverhalten von D_λ kennzeichnet:

1) $c_\lambda = 1$: die (bis auf einen Zahlenfaktor bestimmte) Verkettungsmatrix ist symmetrisch und kann in eine Multiplikation transformiert werden; in der Darstellungsklasse gibt es eine reelle Darstellung.

2) $c_\lambda = -1$: wohl ist $\bar{A}$ zu A äquivalent und daher wie im 1. Fall der Charakter reell, aber die Verkettungsmatrix ist antisymmetrisch, und die Darstellung kann nicht reell gemacht werden.

3) $c_\lambda = 0$: hier ist $J(\bar{D}_\lambda, D_\lambda) = 0$, die Darstellung ist nicht zur konjugiert komplexen äquivalent, der Charakter ist nicht reell.

Mit Hilfe der Charaktere von $D_\lambda \circledS D_\lambda$ und $D_\lambda \circledA D_\lambda$ kann man die Formel $\sum_{s \in G} \chi^\lambda(s^2) = c_\lambda g$ herleiten, die auch $\sum_{t \in G} \zeta(t)\, \chi^\lambda(t) = c_\lambda g$ geschrieben werden kann, wo $\zeta(t)$ die Anzahl der Lösungen der Gleichung $s^2 = t$ bezeichnet. Mit (6.3) berechnet man dann

$$\zeta(t) = \sum_{\lambda=1}^{r} c_\lambda \chi^\lambda(t) .$$

Mit Hilfe der genannten Charaktere sieht man auch, daß die Orthogonalitätsrelationen (6.2) und (6.3) so geschrieben werden können:

$$\sum_{\rho=1}^{r} h_\rho (\chi_\rho^\lambda)^2 = \begin{cases} g \text{ bei der 1. und 2. Art } (D_\lambda \text{ und } \bar{D}_\lambda \text{ äquivalent}) \\ 0 \text{ bei der 3. Art} \end{cases}$$

$$\sum_{\lambda=1}^{r} h_\rho (\chi_\rho^\lambda)^2 = \begin{cases} g \text{ wenn die Klasse } K_\rho \text{ ambivalent ist} \\ 0 \text{ sonst} \end{cases}$$

Dabei heißt eine Klasse K *ambivalent*, wenn $s \in K \Rightarrow s^{-1} \in K$. Summiert man über ρ *und* λ, so ergibt sich: *Die Anzahl der irreduziblen Darstellungen erster und zweiter Art (also der reellen irreduziblen Charaktere) ist gleich der Anzahl der ambivalenten Klassen.*

Wigner [59] nennt eine Gruppe *einfach reduzibel*, wenn

a) jede Klasse ambivalent ist

b) alle $d_{\lambda\mu\nu} \leqq 1$ sind.

Er beweist folgenden Satz: $\zeta(t)$ *sei die Anzahl der* s *mit* $s^2 = t$, $v(t)$ *die Ordnung des Zentralisators von* t. *Dann ist*

$$\sum_{t \in G} \zeta^3(t) \leqq \sum_{t \in G} v^2(t) ,$$

und das Gleichheitszeichen gilt genau wenn G *einfach reduzibel ist.* Ferner ist $\sum_{t \in G} \zeta^2(t) = ga$, wenn a die Anzahl der ambivalenten Klassen ist. - Verall-

59) E. P. Wigner, Amer. J. Math. 63, 57-63 (1941).

gemeinerungen der vorstehenden Ergebnisse findet man bei *Mackey* [60].

$D^{[n]}$ sei die n-te Kroneckerpotenz einer treuen Darstellung $D(s)$ vom Grad d. *Honda* [61] bewies mit funktionentheoretischen Mitteln, wenn u_{n_μ} die Vielfachheit bezeichnet, mit der die irreduzible Darstellung $D_\mu(s)$ in $D^{[n]}$ vorkommt, die Formel

$$\overline{\lim_{n\to\infty}} \sqrt[n]{u_{n_\mu}} = d ,$$

aus der insbesondere der schon von Burnside mit ähnlichen Mitteln bewiesene Satz folgt, daß jede irreduzible Darstellung für ein n in $D^{[n]}$ vorkommt. Honda zeigt schärfer, daß sogar schon in D, $D^{[2]}, \ldots, D^{[r]}$ jede irreduzible Darstellung vorkommt, wo r wie immer die Anzahl der Klassen konjugierter Elemente bezeichnet, ein Resultat, das von *Brauer* [62] noch etwas verschärft und auch für modulare Darstellungen bewiesen wurde.

8. *Die Frage der Treue.* Es handle sich zunächst um die Frage, ob eine gegebene endliche Gruppe G eine treue absolut irreduzible gewöhnliche Darstellung besitzt. Wir nehmen den Körper der komplexen Zahlen, dann können wir von irreduziblen Darstellungen schlechthin sprechen.

Bei jeder Darstellung bilden die Elemente von G, die durch die Identität dargestellt werden, einen Normalteiler von G, den *Kern* der Darstellung. Es folgt sofort, daß bei einer einfachen Gruppe jede von der Einsdarstellung verschiedene irreduzible Darstellung treu ist; und eine solche existiert, sobald $g > 1$.

Ist G abelsch, so gibt es genau dann eine treue irreduzible Darstellung, wenn G zyklisch ist. Denn jede irreduzible Darstellung hat den Grad 1, und jede multiplikative Gruppe von Einheitswurzeln ist zyklisch. Ist G aber zyklisch, so erhält man eine treue irreduzible Darstellung, wenn man ein erzeugendes Element durch eine primitive g-te Einheitswurzel darstellt. Bei einer irreduziblen Darstellung einer beliebigen Gruppe wird das Zentrum durch Multiplikationen dargestellt, also ist *notwendig* für die Existenz einer treuen irreduziblen Darstellung, daß das Zentrum zyklisch ist. Nach früheren Untersuchungen von *Burnside*, *Shoda*, *Akizuki* und *Weisner* [63] verdankt man *Kochendörffer* [64] die abschließende Arbeit über unser Problem. Es zeigt sich, daß die zuletzt genannte Bedingung bei Gruppen von Primzahlpotenzordnung und bei nilpotenten Gruppen auch *hinreichend* ist. Bei beliebigen Gruppen ist *hinreichend*, daß das Zentrum einer jeden Sylow-Untergruppe zyklisch ist. Diese Tatsachen fließen aus einem allgemeineren Satz. A bezeichne das Kompositum aller abelschen minimalen Normalteiler (abelschen "Füße" nach *Remak*) von G; *G besitzt genau dann eine treue irre-*

60) G.W. Mackey, Pacific J. Math. 8, 503-510 (1958).
61) K. Honda, Comment. Math. Univ. St. Pauli 2, 41-46 (1954); vgl. auch R. Steinberg, Proc. Amer. Math. Soc. 13, 746-747 (1962).
62) R. Brauer, Proc. Amer. Math. Soc. 15, 31-34 (1964).
63) L. Weisner, Amer. J. Math. 61, 709-712 (1939).
64) R. Kochendörffer, Math. Nachr. 1, 25-39 (1948).

duzible Darstellung, wenn jede Sylow-Untergruppe Q von A eine irreduzible Darstellung besitzt, deren Kern keinen Fuss von G enthält.

Nennt man einen Homomorphismus eines Normalteilers auf einen anderen *kohärent*, wenn er mit den inneren Automorphismen von G vertauschbar ist, so ist A direktes Produkt von *Kohärenten*, d. h. Komposita jeweils einer Klasse kohärenter abelscher Füße, und jede Kohärente direktes Produkt einiger der in ihr liegenden kohärenten Füße. Ist K eine Kohärente, dann sei s die Anzahl der Füße bei einer solchen direkten Zerlegung von K, q^r die Ordnung eines Fußes und q^t die Anzahl der kohärenten Endomorphismen eines Fußes. Der Hauptsatz von Shoda, Akizuki und Kochendörffer lautet dann: *Es gibt eine treue irreduzible Darstellung von G genau dann, wenn für jede Kohärente von A*

$$st \leq r \tag{8.1}$$

ist; wegen $t \leq r$ also insbesondere stets dann, wenn jede Kohärente nur einen Fuß enthält.

Gaschütz [65] zeigte, daß es eine treue irreduzible Darstellung genau dann gibt, wenn der *Sockel* (das Kompositum sämtlicher Füße) von einer Klasse konjugierter Elemente erzeugt wird; damit gleichwertig ist, daß das obige A von einer Klasse erzeugt wird.

Tazawa [66] dehnte den Hauptsatz auf treue Darstellungen aus k irreduziblen Bestandteilen aus; (8.1) ist dann durch

$$s - \left[\frac{(k-1)s}{k}\right] \leq \frac{r}{t} \qquad ([x] = \text{"größtes Ganze} \leq x\text{"}) \tag{8.2}$$

zu ersetzen. Ist G eine p-Gruppe und p^c die Ordnung des Kompositums aller Füße, so hat jede treue Darstellung mindestens c irreduzible Bestandteile und es gibt eine mit genau c. *Žmud'* [67] vereinfachte (8.2) zu $st \leq kr$ und übertrug Gaschütz' Ergebnis auf treue Darstellungen aus k irreduziblen Bestandteilen; hier ist notwendig und hinreichend, daß der Sockel von k Klassen erzeugt wird. *Žmud'* bewies ferner [68], daß die Anzahl der "k-Kerne", d. h. der Kerne von Darstellungen mit genau k irreduziblen Bestandteilen, mit der Anzahl der Normalteiler übereinstimmt, die von k Klassen erzeugt werden. Vgl. auch *Žmud'* [69].

Die analogen Ergebnisse für *p-modulare Darstellungen* (Nr. 15) können hier mitbesprochen werden. *Kochendörffer* [70] fand als notwendige Bedingung für die Existenz einer treuen irreduziblen Darstellung, daß G keinen Normalteiler von p-Potenzordnung besitzt. Ist diese Bedingung erfüllt, so gilt der Hauptsatz auch hier; die gegebene Primzahl p kommt dann unter den Primzahlen q natürlich nicht vor. *Nakayama* [71] vervollständigte die

65) W. Gaschütz, Math. Nachr. 12, 253-255 (1954).
66) M. Tazawa, Tôhoku Math. J. 47, 87-93 (1940).
67) È.M. Žmud', Mat. Sb. (N.S.) 38 (80), 417-430 (1956).
68) È.M. Žmud', Mat. Sb. (N.S.) 44 (86), 353-408 (1958).
69) È.M. Žmud', Izv. Vysš. Učebn. Zaved. Matematika 1, 133-141 (1957).
70) loc. cit. [64].
71) T. Nakayama, Proc. Japan Acad. 23, no. 3, 22-25 (1947).

Aussagen über p-modulare Darstellungen und übertrug zugleich das Tazawasche Ergebnis. Für die Existenz einer treuen *unzerfällbaren* Darstellung (einer treuen Darstellung mit k unzerfällbaren Bestandteilen) ist notwendig und hinreichend, daß (8.1) (bzw. (8.2)) für jede Kohärente erfüllt ist, deren $q \neq p$ ist; ebenso für die Existenz eines treuen unzerfällbaren Bestandteils der regulären Darstellung. Daß es keinen Normalteiler von p-Potenzordnung gibt, ist nur für die Existenz einer treuen *irreduziblen* Darstellung (oder einer vollständig reduziblen mit k irreduziblen Bestandteilen) notwendig und dann zusammen mit dem obigen auch hinreichend. *Nakayama* ist auch [72] der Frage nachgegangen, inwieweit man von der Existenz treuer gewöhnlicher Darstellungen auf modulare schließen kann und umgekehrt; einiges davon ergibt sich schon mühelos aus den angeführten Sätzen. *Pahlings* [73] zeigte, daß auch die Sätze von Žmud' (und damit die von Gaschütz) für modulare Darstellungen richtig bleiben, wenn man die notwendige Bedingung hinzunimmt, daß es keinen Normalteiler von p-Potenzordnung gibt.

Bei Darstellungen durch *Kollineationen* (Nr. 20), zeigt *Kochendörffer* [74], ist die oben erwähnte Bedingung über die Sylow-Untergruppen von A jedenfalls hinreichend für die Existenz einer treuen irreduziblen. Ebenso ist hinreichend, daß jede Sylow-Untergruppe Q von A wenigstens eine der folgenden Bedingungen erfüllt: 1) die Ordnung von Q ist ein Quadrat; 2) in Q gibt es mindestens einen nichtzyklischen Fuß von G; 3) in Q gibt es mindestens zwei nichtkohärente Füße von G.

9. *Schur-Index. Zerfällungskörper.* Die Theorie der irreduziblen Darstellungen einer endlichen Gruppe G der Ordnung g über einem algebraischen Zahlkörper K, der nicht algebraisch abgeschlossen ist, wurde 1906 von *Schur* entwickelt. Die absolut irreduziblen Bestandteile einer solchen Darstellung D sind zueinander algebraisch konjugiert und zu je m zueinander äquivalent. Umgekehrt kann man aus jedem vollständigen System von über K konjugierten absolut irreduziblen Darstellungen, m-mal genommen, eine irreduzible Darstellung in K aufbauen. m heißt in der neueren Literatur der *Schur-Index* (eines jeden der absolut irreduziblen Bestandteile bezüglich des Körpers K). m ist Teiler des Grades dieser Bestandteile. m kann auch so erklärt werden: bildet man $K(\chi)$ durch Adjunktion der Werte des Charakters χ eines absolut irreduziblen Bestandteils F, so ist m der kleinste Grad eines algebraischen Erweiterungskörpers von $K(\chi)$, in dem F realisiert werden kann. *Specht* [75] bewies, daß die meisten der Schurschen Sätze richtig bleiben, wenn man 'irreduzibel' durch 'unzerfällbar' ersetzt. Eine dritte Charakterisierung des Schur-Index erhält man schließlich, wenn man den Gruppenring betrachtet. Die Matrizen $D(x)$, $x \in KG$, der über K irreduziblen Darstellung bilden eine einfache Algebra, die hier im Fall eines nicht algebraisch abgeschlossenen Körpers ein voller Matrixring über einer Divisionsalgebra Δ ist. Das Zentrum Z von Δ ist isomorph zu $K(\chi)$ und der Rang

72) T. Nakayama, J. Math. Soc. Japan 1, 10-14 (1948).
73) H. Pahlings, Dipl.-Arbeit, Giessen 1964, nicht veröffentlicht.
74) loc. cit. [64].
75) W. Specht, Jahresber. DMV 47, 43-55 (1937).

von Δ über Z ist m^2. *Berman* [76] charakterisiert den Schur-Index mit seinen unten beim Anzahlsatz erwähnten Methoden.

Moderne Beweise dieser Tatsachen gaben *Witt* [77] und *Reiner* [78]. *Brauer* [79] führt die Berechnung des Schur-Index einer Darstellung von G bzgl. K auf die des Schur-Index von Darstellungen geeigneter Untergruppen zurück. Eine Untergruppe H von G heiße *vom Typ* (E) *für* (die Primzahl) p, wenn H einen zyklischen Normalteiler A von zu p primer Ordnung besitzt, so daß H/A eine p-Gruppe ist. Dann gilt: Ist χ ein (absolut) irreduzibler Charakter von G und K ein Körper der Charakteristik 0, so gibt es für jede Primzahl p eine Untergruppe H vom Typ (E) und einen irreduziblen Charakter ξ von H, so daß der Schur-Index von ξ bzgl. $K(\chi)$ die p-Potenz ist, die im Schur-Index von χ bzgl. K aufgeht.

Ist D eine Darstellung von G über K, so nennt man jeden Erweiterungskörper von K, in dem D in seine absolut irreduziblen Bestandteile zerfällt, einen *Zerfällungskörper* (splitting field) *für D*. Ein Unterkörper des Körpers der komplexen Zahlen heißt *Zerfällungskörper für G*, wenn in ihm alle absolut irreduziblen Darstellungen von G realisiert werden können. Da die g-te Potenz jedes Gruppenelements, also auch jeder darstellenden Matrix, die Einheit ist, sind deren Eigenwerte g-te Einheitswurzeln; folglich gehören alle Charakterwerte dem Körper der g-ten Einheitswurzeln an. Die Vermutung, *dass auch die irreduziblen Darstellungen selbst in diesem Körper geschrieben werden können*, daß er also Zerfällungskörper für G ist, ist fast so alt wie die Darstellungstheorie überhaupt. Teilresultate (für spezielle Arten von Gruppen oder von Darstellungen) wurden von 1898 bis 1932 von *Maschke*, *Burnside*, *Schur*, *Speiser* und *Hasse* bewiesen, vgl. auch *Hasse* [80] und *Schilling* [81]. In voller Allgemeinheit bewies den Satz zuerst *Brauer* 1945 [82] mit sehr tiefliegenden algebraischen Hilfsmitteln. Wesentlich leichter ist der Beweis für modulare Darstellungen, den man ebendort findet. Während aber bei gewöhnlichen Darstellungen der Satz natürlich auch für reduzible Darstellungen gilt, ist dies bei modularen nicht richtig.

1947 gab *Brauer* [83] einen wesentlich einfacheren Beweis mit Hilfe von induzierten Darstellungen (Nr. 10). Auch die Charakterwerte von Untergruppen von G liegen ja im Körper der g-ten Einheitswurzeln. Bei Darstellungen vom Grad 1 ("linearen Charakteren") stimmen Darstellungsmatrizen und Charaktere überein. Es war Brauer gelungen (Näheres darüber s. Nr. 10), die irreduziblen Charaktere von G als Linearkombinationen der Charaktere solcher Darstellungen von G zu schreiben, die von linearen Charakteren geeigneter Untergruppen induziert werden. Damit gelingt der Beweis des Satzes, daß die irreduziblen Darstellungen sogar im Körper der n-ten Ein-

76) S. D. Berman, Uspehi Mat. Nauk 16, no. 2 (98), 95-99 (1961).
77) E. Witt, J. reine angew. Math. 190, 231-245 (1952).
78) I. Reiner, Michigan Math. J. 8, 39-47 (1961).
79) R. Brauer, J. Math. Soc. Japan 3, 237-251 (1951).
80) H. Hasse, Math. Nachr. 3, 4-6 (1949).
81) O. F. G. Schilling, J. reine angew. Math. 174, 188 (1936).
82) R. Brauer, Amer. J. Math. 67, 461-471 (1945).
83) R. Brauer, Amer. J. Math. 69, 709-716 (1947).

heitswurzeln geschrieben werden können, wo n der *Exponent* von G, das kgV aller Elementordnungen ist. (Bei den oben erwähnten Aussagen über Charakterwerte kann man ja immer g durch n ersetzen.) Einen neuen Beweis findet man bei *Roquette* [84].

Roquette bewies ferner [85] in elementarer Weise, daß bei *nilpotenten* Gruppen ungerader Ordnung jede Darstellung im Charakterkörper geschrieben werden kann, bei gerader Ordnung muß man höchstens noch $\sqrt{-1}$ adjungieren. Dies ist, da p-Gruppen nilpotent sind, zugleich ein Beweis des Satzes, daß jede Darstellung einer p-Gruppe ungerader Ordnung in ihrem Charakterkörper geschrieben werden kann. *Berman* [86] gibt eine Beschreibung dieses Charakterkörpers.

Berman [87] konnte die Anzahl der über einem Körper K, dessen Charakteristik 0 oder $p \nmid g$ ist und nicht in den Graden der über K irreduziblen Darstellungen aufgeht, irreduziblen Darstellungen bestimmen. ϵ sei eine primitive n-te Einheitswurzel, wo n wieder den Exponenten von G bedeutet. Zwei Gruppenelemente a und b heißen *K-konjugiert*, wenn b im gewöhnlichen Sinne zu a^{ν} konjugiert ist und ν die Eigenschaft hat, daß $\epsilon \to \epsilon^{\nu}$ ein Automorphismus der Galoisgruppe von $K(\epsilon)$ über K ist. Die Klassen K-konjugierter Elemente (*K-Klassen*) charakterisiert *Witt* [88] als die minimalen Komplexe in G mit der Eigenschaft, daß die Operationen $a \to x^{-1}ax$ und $a \to a^{\nu}$ nicht herausführen. Die gesuchte Anzahl *ist gleich der Anzahl der K-Klassen*. Als Spezialfall erhält man für $K = Q$ (Körper der rationalen Zahlen): *Die Anzahl der irreduziblen rationalen Darstellungen stimmt mit der Anzahl der Klassen konjugierter zyklischer Untergruppen überein*, ein Satz, den schon früher *Artin* [89] bewiesen hatte; in ähnlicher Form war er schon *Frobenius* bekannt.

Verallgemeinerungen dieser Begriffsbildungen bei *Berman* [90] und bei *Solomon* [91], dessen Ergebnisse auch den obengenannten Satz von *Brauer* umfassen und der u.a. das folgende einfache Ergebnis erhält. $q_1, \dots, q_l$ seien die in g aufgehenden Primzahlen. Man setze $K = Q(\epsilon_1, \dots \epsilon_l)$, wo Q der Körper der rationalen Zahlen und ϵ_i primitive q_i-te Einheitswurzel ist, falls g ungerade, und $K = Q(\epsilon_1, \dots, \epsilon_l, \sqrt{-1})$ bei geradem g. *Dann hat der Schur-Index eines jeden absolut irreduziblen Charakters von G bzgl. K den Wert* 1, *so dass die Darstellung in* $K(\chi)$ *realisiert werden kann*. Nach *Fong* [92] haben auch schon die folgenden Körper K diese Eigenschaft. p sei einer der Primfaktoren von g, $g = p^{\alpha}m$, $(p, m) = 1$, ϵ_m eine primitive m-te Einheitswurzel. Dann setze man $K = Q(\epsilon_m)$, falls p ungerade, $K = Q(\epsilon_m, \sqrt{-1})$ oder $K = Q(\epsilon_m, \sqrt[3]{1})$ falls $p = 2$.

84) loc. cit. [49]; vgl. auch loc. cit. [54].
85) P. Roquette, Arch. Math. 9, 241-250 (1958).
86) S.D. Berman, Uspehi Mat. Nauk 16, no. 3 (99), 151-153 (1961).
87) S.D. Berman, Dokl. Akad. Nauk SSSR (N.S.) 86, 885-888 (1952).
88) loc. cit. [77].
89) E. Artin, Abh. Math. Sem. Univ. Hamburg 3, 89-108 (1924); 8, 292-306 (1931).
90) S.D. Berman, Dokl. Akad. Nauk SSSR (N.S.) 106, 583-586 (1956).
91) L. Solomon, J. Math. Soc. Japan 13, 144-164 (1961).
92) P. Fong, Illinois J. Math. 7, 515-520 (1963).

Eine Beziehung zu den Lösungen der Gleichung $s^k = 1$ in der Gruppe, wo k irgendein Teiler von g, stellte *Solomon* [93] her: der Schur-Index eines irreduziblen Charakters χ bzgl. des Körpers Q der rationalen Zahlen ist Teiler der - nach *Frobenius* ganzrationalen - Zahl $(1/k) \sum_{s^k=1} \chi(s)$.

10. *Gruppe und Untergruppe oder Normalteiler*. Als wirksames Hilfsmittel zur Bestimmung der irreduziblen Darstellungen oder ihrer Charaktere dient die Kenntnis ihres Zusammenhanges mit denen einer Untergruppe oder speziell eines Normalteilers, die oft leichter zu bestimmen sind. Sei G eine endliche Gruppe, H eine Untergruppe der Ordnung h und vom Index q in G. Der schon von *Frobenius* 1898 eingeführte Begriff der von einer Darstellung von H *induzierten* Darstellung von G hat sich in den letzten Jahrzehnten als ungemein fruchtbar erwiesen. Es sei $s_1, \ldots, s_q$ ein Vertretersystem der Linksnebenklassen von H, also $G = s_1H + \ldots + s_qH$. Ist dann $D(u)$ eine Matrixdarstellung von H und setzt man $D(s) = 0$ für $s \notin H$, so ist $D^G(s) = (D_{ik}(s))$ mit $D_{ik}(s) = D(s_i^{-1}ss_k)$, wie man sich leicht überzeugt, eine Darstellung von G vom Grad nq, wenn n der von D ist; das ist die von D induzierte Darstellung D^G von G. In der Modulsprache kann der Darstellungsmodul der induzierten Darstellung als ein Tensorprodukt erklärt werden. Bezeichnet wie immer K den Grundkörper, KG und KH die Gruppenringe von G und H über K, so ist der vom KH-Linksmodul M induzierte KG-Linksmodul M^G das Tensorprodukt von KG (als KH-Rechtsmodul) mit M (als KH-Linksmodul). Handelt es sich um eine irreduzible Darstellung von H, erzeugt durch ein Linksideal $l \subseteq KH$, dann wird die induzierte vom Linksideal $(KG)l \subseteq KG$ erzeugt. Induzierte Darstellungen sind imprimitiv; in der oben angegebenen Kästchenmatrix gibt es in jeder Zeile und Spalte genau ein Kästchen $\neq 0$.

Frobenius war von den Charakteren ausgegangen. Beschränkt man die irreduzible Darstellung $D^\lambda(s)$ von G auf die Elemente $u \in H$, so ist diese Darstellung von H (neuerdings manchmal die von D^λ "subduzierte" genannt und mit D_H^λ bezeichnet) i. allg. reduzibel, für die Charaktere gelte etwa $\chi^\lambda(u) = \sum_\mu c_{\lambda\mu}\xi^\mu(u)$, wo ξ^μ die irreduziblen Charaktere von H sind und die $c_{\lambda\mu}$ nichtnegative ganze Zahlen. Durch eine Anwendung der Orthogonalitätsrelationen berechnet man die $c_{\lambda\mu}$, durch eine zweite erhält man

$$\sum_\lambda c_{\lambda\mu}\chi^\lambda(s) = \frac{g}{g_\rho h} \sum_{t \in H \cap K_\rho} \xi^\mu(t) , \tag{10.1}$$

wo K_ρ diejenige Klasse konjugierter Elemente in G ist, in der s liegt, und g_ρ ihre Ordnung. In (10.1) steht links, also auch rechts, der Charakter einer Darstellung von G, und das ist gerade die von der μ-ten irreduziblen von H induzierte. Die von irgendeiner Darstellung von H mit dem Charakter

93) L. Solomon, Math. Z. 78, 122-125 (1962).

$\xi(u) = \sum_\mu a_\mu \xi^\mu(u)$ induzierte von G erhält man, indem man (10.1) mit a_μ multipliziert und über μ summiert. - In diesem Resultat ist zugleich das *Reziprozitätsgesetz von Frobenius* enthalten: *ξ^μ kommt in der von χ^λ subduzierten Darstellung von H gerade so oft vor wie χ^λ in der von ξ^μ induzierten Darstellung von G.*

Induzierte Darstellungen haben die folgende *Transitivitäts-Eigenschaft*: Ist $H \subset H' \subset G$ und D eine Darstellung von H, so gilt $D^G = (D^{H'})^G$. Für Kroneckerprodukte gilt, wenn D' eine Darstellung von H, D'' eine von G bedeutet, $D'^G \times D'' = (D' \times D''_H)^G$.

Einen Anzahlsatz bewies *Nakayama* [94]: die Anzahl der linear unabhängigen Charaktere, die von den irreduziblen Charakteren von H induziert werden, ist gleich der Anzahl der Klassen von G, die Elemente von H enthalten. *Prokop* [95] stellt Bedingungen dafür auf, daß der von den irreduziblen Charakteren eines Systems von Untergruppen von G durch Induktion erzeugte ganzzahlige Modul den Charakterenmodul enthält - daß man also mit Hilfe der Darstellungen dieser Untergruppen wirklich alle Darstellungen von G gewinnen kann. *Green* und *Fischer* [96] verschärfen die Prokopschen Ergebnisse und Resultate von Brauer und Tate (loc. cit. [48]) zu folgendem Ergebnis: M sei eine Menge von Untergruppen von G, $C(G)$ der Charakterring von G, $U(M)$ die Menge der komplexwertigen Klassenfunktionen auf G, deren Beschränkung auf eine Untergruppe $W \in M$ stets zu $C(W)$ gehört, $V(M)$ die Menge der ganzzahligen Linearkombinationen von Charakteren von G, die von Elementen aus $C(U)$ für beliebige $U \in M$ induziert sind. Dann ist $U(M) \supseteqq C(G) \supseteqq V(M)$, und folgende drei Eigenschaften der Untergruppenmenge M sind äquivalent: a) $U(M) = C(G)$; b) $V(M) = C(G)$; c) zu jeder elementaren nilpotenten Untergruppe E von G gibt es eine Untergruppe aus M, die eine zu E konjugierte Untergruppe enthält.

Das wichtigste Ergebnis ist der von *Artin* in seiner Theorie der L-Reihen mit allgemeinen Gruppencharakteren lang vermutete, zuerst von *Brauer* [97] und danach von *Springer* [98], *Roquette* [99], *Solomon* [100], *Osima* [101] auf verschiedene Arten bewiesene Satz, daß jeder komplexe Charakter von G als Linearkombination von solchen Charakteren dargestellt werden kann, die von *linearen* Charakteren (Darstellungen vom Grad 1) geeigneter Untergruppen induziert werden, und zwar von solchen, die Brauer (p-) *elementare* nennt: direkten Produkten einer p-Gruppe und einer zyklischen von zu p primer Ordnung für irgendeine Primzahl p. Eine Verallgemeinerung dieses

94) T. Nakayama, Ann. Math. (2) 39, 361-369 (1938).
95) W. Prokop, Thesis. Eidgenössische Technische Hochschule Zürich 1948. 39 S; vgl. auch B.M. Puttaswamaiah, Canad. Math. Bull. 6, 385-395 (1963).
96) loc. cit. [53]; B. Fischer, Math. Ann. 149, 226-231 (1963).
97) R. Brauer, Ann. Math. (2) 48, 502-514 (1947).
98) T.A. Springer, Nederl. Akad. Wetensch. Proc. 51, 699-707 = Indagationes Math. 10, 250-258 (1948).
99) loc. cit. [49].
100) loc. cit. [91].
101) M. Osima, Proc. Japan Acad. 28, 243-248 (1952); Math. J. Okayama Univ. 3, 47-64 (1954).

Satzes für Darstellungen über einem Unterkörper des komplexen Zahlkörpers bewiesen *Witt* [102] und *Berman* [103]. *Swan* [104] bewies den Satz für $K = Q$.

Osima [105] teilt die irreduziblen Darstellungen von G in "H-Blöcke" ein (ähnliche Blockeinteilungen werden in der modularen Theorie (Nr. 15) eine bedeutende Rolle spielen): D^{λ} und D^{μ} sollen dem gleichen Block angehören, wenn sie sich durch eine Kette $D^{\lambda}, D^{\nu_1}, \ldots, D^{\nu_i}, D^{\mu}$ verbinden lassen, bei der aufeinanderfolgende Glieder, auf H beschränkt, einen irreduziblen Bestandteil gemein haben. Die Anzahl der Blöcke ist dann gleich der Anzahl der Klassen von G, die Elemente des Durchschnitts aller $s^{-1}Hs (s \in G)$ enthalten.

Mit der vergleichsweise einfachen Frage, wann D^G zugleich mit D irreduzibel ist, beschäftigt sich *Mann* [106]. Er nennt eine Darstellung von H "in G invariant", wenn zu in G konjugierten Elementen von H der gleiche Charakterwert gehört. Eine irreduzible in G invariante Darstellung von H induziert niemals eine irreduzible von G. Ist H Normalteiler in G, so ist D^G genau dann irreduzibel, wenn D in keiner Untergruppe von G invariant ist. Mit der gleichen Frage beschäftigt sich neuerdings *Tucker* [107].

Neuere Verallgemeinerungen von manchen der erwähnten Resultate findet man in Arbeiten von *Berman* [108], *Green* [109], *Mackey* [110], *Higman* [111]. Auch in der Darstellungstheorie der symmetrischen Gruppen ist von induzierten Darstellungen mit viel Erfolg Gebrauch gemacht worden. *Littlewood* [112] untersucht mit Hilfe der von der Einsdarstellung von H induzierten Darstellung von G - sie beschreibt die durch Linksmultiplikationen mit $s \in G$ bewirkte Permutation der Linksnebenklassen von H - , wie man aus der Charakterentafel erkennen kann, ob die Gruppe G einen Normalteiler besitzt, ob sie ein direktes Produkt ist, ob sie auflösbar ist usw., und macht davon Anwendungen auf die symmetrische Gruppe. *G. de B. Robinson* benutzt induzierte Darstellungen bei der Entwicklung der Begriffsbildungen, die für die modulare Theorie der symmetrischen Gruppe von Nutzen sind (Nr. 16).

Der Fall eines Normalteilers. Ist H Normalteiler in G, so bestehen besonders enge und übersichtliche Zusammenhänge zwischen den Darstellungen von G und denen von H. Ihnen ist eine Reihe von Arbeiten von *Suetuna* [113],

102) loc. cit. [77].
103) loc. cit. [90].
104) loc. cit. [11]; R.G. Swan, Ann. Math. (2) 71, 552-578 (1960).
105) M. Osima, Math. J. Okayama Univ. 1, 33-61 (1952).
106) H. Mann, Monatsh. Math. 46, 74-83 (1938).
107) P.A. Tucker, Amer. J. Math. 84, 400-420 (1962); 85, 53-58 (1963); 87, 798-806 (1965).
108) loc. cit. [13].
109) loc. cit. [53].
110) G.W. Mackey, Amer. J. Math. 73, 576-592 (1951).
111) D.G. Higman, Canad. J. Math. 7, 490-508 (1955).
112) D.E. Littlewood, Proc. London Math. Soc. (2) 39, 150-199 (1935).
113) Z. Suetuna, Japan. J. Math. 12, 95-98 (1935); 16, 63-69 (1939); 16, 79-91 (1939); 18, 729-744 (1943).

Shoda [114] und *Sekino* [115] gewidmet, in denen auch eine Anzahl Spezialfälle für die Faktorgruppe G/H einzeln behandelt sind. Die im folgenden kurz referierte zusammenhängende Theorie verdankt man *Clifford* [116]. Die Theorie ist von Wichtigkeit für die Kristallgruppen und hat daher in die Lehrbücher von *Lomont*, *Ljubarski* und *Hamermesh* Eingang gefunden.

Der Grundkörper sei zunächst ganz beliebig, und die Gruppen brauchen nicht endlich zu sein. Ist $B(u)$ eine Matrixdarstellung von H, so auch $B(s^{-1}us)$, $s \in G$ fest, und beide heißen *konjugiert*. Ist $A(s)$ eine irreduzible Darstellung von G, so ist die von ihr in H subduzierte Darstellung $A_H(u)$ irreduzibel oder vollreduzibel und zerfällt in lauter Bestandteile vom gleichen Grad. Ist $A_H^{(1)}$ einer von ihnen, so sind alle andern zu $A_H^{(1)}$ konjugiert, und alle zu $A_H^{(1)}$ konjugierten Darstellungen kommen vor. $A_H^{(1)}, \ldots, A_H^{(m)}$ sei ein volles System inäquivalenter daraus. Alle $A_H^{(i)}$ kommen in A_H gleich oft vor, etwa l-mal; ist n der Grad aller $A_H^{(i)}$, so ist also lmn der Grad von $A(s)$. Ist R_i die Summe der zu $A_H^{(i)}$ und den dazu äquivalenten Bestandteilen von A_H gehörenden invarianten Teilräume im Darstellungsraum, so bilden $R_1, \ldots, R_m$ ein System von Imprimitivitätsgebieten für $A(s)$.

G' ($\supseteqq H$) bestehe aus den $s' \in G$ mit $s'R_1 = R_1$; der Index von G' in G ist dann m. Teilt man $A(s)$ gemäß der Zerlegung $R = R_1 + \ldots + R_m$ in Kästchen ein, so ist das Kästchen links oben eine Darstellung A' von G', und A ist die von A' induzierte Darstellung von G. Um Genaueres über A' aussagen zu können, setzt man den Grundkörper als algebraisch abgeschlossen voraus. Dann findet man $A' = C \times \Gamma$, wo C eine irreduzible projektive Darstellung (Nr. 20) von G', vom Grad n, Γ eine irreduzible projektive Darstellung von G'/H vom Grad l ist. G', oder auch G'/H, heißt bei neueren Autoren Trägheitsgruppe (inertia group), bei amerikanischen Physikern auch little group zweiter bzw. erster Art.

Zwei irreduzible Darstellungen $A(s)$ und $B(s)$ von G heißen *assoziiert*, wenn A_H und B_H einen irreduziblen Bestandteil gemein haben (und daher alle, evtl. mit verschiedener Vielfachheit). A und B differieren nur in dem jeweiligen Kroneckerfaktor Γ. Dafür, daß man eine gegebene irreduzible Darstellung $A_H^{(1)}$ von H wie beschrieben in eine irreduzible Darstellung A von G einbetten kann, ist notwendig und hinreichend, daß G' (das durch $A_H^{(1)}$ bestimmt ist) von endlichem Index in G und $A_H^{(1)}$ in eine irreduzible Darstellung von G' einbettbar ist; die Endlichkeit des Index von H ist hinreichend. (Nach wie vor braucht H, was für die Anwendungen entscheidend ist, keine endliche Gruppe zu sein.) Im letzteren Fall ist, wie jede Klasse von konjugierten Darstellungen von H, auch jede Klasse von assoziierten Darstellungen von G endlich, und es besteht eineindeutige Entsprechung zwischen den einen und den anderen Klassen.

114) K. Shoda, Proc. Imp. Acad. Tokyo 18, 336-338 (1942).
115) K. Sekino, J. Fac. Sci. Univ. Tokyo, Sect. I., 7, 255-263 (1954); 8, 195-228, 333-362 (1960); 9, 249-260 (1962).
116) A.H. Clifford, Proc. Nat. Acad. Sci. U.S.A. 23, 89-90 (1937); Ann. of Math. (2) 38, 533-550 (1937).

Alles vereinfacht sich, wenn G/H zyklisch ist, etwa vom Grad k, und die Charakteristik des Grundkörpers nicht in k aufgeht. Dann ist G'/H ebenfalls zyklisch, und Γ ist eine gewöhnliche Darstellung vom Grad 1: $l = 1$. A_H zerfällt also in lauter inäquivalente Darstellungen, und ihre Anzahl m ist (als Index von G' in G) Teiler von k. Assoziierte Darstellungen unterscheiden sich nur um einen Zahlenfaktor, der eine der irreduziblen Darstellungen von G/H bildet; die Anzahl der inäquivalenten zu A assoziierten ist also k/m.

Ist k eine Primzahl p, so gibt es nur zwei Möglichkeiten: entweder ist $G' = G$, also $m = 1$ und $p/m = p$. Dann besitzt $A(s)$ p verschiedene assoziierte, A_H aber ist irreduzibel und "selbstkonjugiert". Oder es ist $G' = H$, also $m = p$ und $p/m = 1$. Dann ist A "selbstassoziiert", und A_H zerfällt in die p konjugierten $A_H^{(1)}, \ldots, A_H^{(p)}$, die inäquivalent sind. Dieses Resultat war lange bekannt und ist für $p = 2$ von *Frobenius* für die symmetrische und die alternierende Gruppe, von *R. Brauer* und *Weyl* für die volle und die eigentliche orthogonale Gruppe benutzt worden.

H. Biegler [117] konnte feststellen, daß das Resultat des vorigen Absatzes im wesentlichen richtig bleibt, wenn man (falls für G und H, die ja nicht endlich zu sein brauchen, der Satz von Maschke nicht gilt) "irreduzibel" durch "unzerfällbar" ersetzt.

Verallgemeinerungen und in gewissem Sinne Umkehrungen der Cliffordschen Resultate findet man bei *Deskins* [118], Resultate speziell für modulare Darstellungen bei *Osima* [119] und *Srinivasan* [120], Verallgemeinerungen auch bei *Ernest* [121]. Ernest gibt, für den Fall einer beliebigen Untergruppe, Abschätzungen für die Anzahl der *verschiedenen* irreduziblen Bestandteile einer von einer irreduziblen Darstellung von G subduzierten Darstellung von H oder einer von einer irreduziblen Darstellung von H vom Grad 1 induzierten Darstellung von G. Dabei wird vorausgesetzt, daß der Grundkörper algebraisch abgeschlossen ist und daß seine Charakteristik die Gruppenordnungen nicht teilt. Es seien hier auch die geometrisch-topologischen Untersuchungen über Gruppen mit fixpunktfreien Darstellungen erwähnt, die *Vincent* [122] angestellt hat.

11. *Abelsche Gruppen*. Die absolut irreduziblen Darstellungen einer endlichen abelschen Gruppe G sind bei *van der Waerden* [123] vollständig angegeben. Sie sind vom Grad 1 und stimmen mit ihren Charakteren überein. Diese Charaktere bilden bei der (gewöhnlichen) Multiplikation eine abelsche Gruppe, die zu G isomorph ist. Diesen bekannten Dualitätssatz hat *Hasse* [124]

117) unveröffentlicht.
118) W. E. Deskins, Proc. Amer. Math. Soc. 9, 655-660 (1958).
119) M. Osima, Proc. Japan. Acad. 13, 121-124 (1937); Collect. Papers Fac. Sci. Osaka Univ. A. 5, Nr. 24, 1938. 40 pp.
120) B. Srinivāsan, Proc. London Math. Soc. (3) 10, 497-513 (1960).
121) J. A. Ernest, Trans. Amer. Math. Soc. 99, 499-508 (1961); Proc. Amer. Math. Soc. 13, 567-570 (1962).
122) G. Vincent, Comment. Math. Helv. 20, 117-171 (1947).
123) loc. cit. [1].
124) H. Hasse, Math. Nachr. 3, 1-3 (1949).

auf beliebige endliche Gruppen verallgemeinert. Zu dem Zweck formuliert er ihn so: Wenn man die $\chi(s)$ als Matrix mit s als Zeilen-, χ als Spaltenindex schreibt, so daß also jede Spalte der Gleichung $\chi(s)\chi(t) = \chi(st)$ genügt und jedes dieser Gleichung genügende Zahlensystem unter den Spalten vorkommt, so gilt das Analoge für die Zeilen, d. h.: *Ist* a_χ *ein Zahlensystem mit* $a_\chi a_\psi = a_{\chi\psi}$, *so ist* $a_\chi \equiv 0$ *oder es gibt* $s \in G$ *mit* $a_\chi = \chi(s)$. Nun seien $\chi(s)$ die irreduziblen Charaktere einer beliebigen endlichen Gruppe G, f_χ ihre Grade, $C_\chi(s) = (c_\chi^{ik}(s))$ ein Vertretersystem der zugehörigen Darstellungen. Das Kroneckerprodukt ist für die Charaktere $\chi\psi = \sum_\xi k^\xi_{\chi\psi}\,\xi$ (Bezeichnung gegen Nr. 7 geändert) und für die Darstellungen

$$C_\chi \times C_\psi = P^{-1}_{\chi,\psi} C_{\chi\psi} P_{\chi,\psi} \text{ mit } C_{\chi\psi} = \sum_\xi k^\xi_{\chi\psi} C_\xi .$$

Dann gilt wie oben: *Ist* A_χ *ein System von Matrizen der Grade* f_χ *mit*

$$A_\chi \times A_\psi = P^{-1}_{\chi,\psi} A_{\chi\psi} P_{\chi,\psi}, \qquad A_{\chi\psi} = \sum_\xi k^\xi_{\chi\psi} A_\xi ,$$

so ist $A_\chi \equiv 0$ *oder es gibt* $s \in G$ *mit* $A_\chi = C_\chi(s)$. - *Wolf* [125] hat untersucht, wie sich dieser Satz im Gruppenring spiegelt.

Motzkin und *Taussky* [126] haben abelsche Gruppen durch Eigenschaften ihrer Darstellungen charakterisiert. "Zwei Matrizen A und B haben die Eigenschaft P" soll heißen: ihre Eigenwerte $\alpha_1, \ldots, \alpha_n$; $\beta_1, \ldots, \beta_n$ lassen sich so numerieren, daß jedes Polynom $p(A,B)$ die Eigenwerte $p(\alpha_i, \beta_i)$ hat. Eigenschaft L: dies soll für alle $p(A,B) = aA + bB$ gelten; Eigenschaft G: es soll für alle $p(A,B) = \Pi\, C_k$ (jedes $C_k = A$ oder B) gelten. Dann lautet der Satz: Wenn jedes Paar von Matrizen A, B aus einer treuen Darstellung einer endlichen Gruppe G die Eigenschaft L hat, ist G abelsch; und ebenso mit Eigenschaft G. Beide Sätze gelten nur bei Charakteristik 0. Eine andere Charakterisierung [127] liefert die Betrachtung der *Gruppenmatrix*, die in der alten Theorie von *Frobenius* eine zentrale Rolle gespielt hatte. x_s $(s \in G)$ seien g Unbestimmte, komplex (d. h. $\bar{x}_s$ sind weitere g Unbestimmte) oder reell $(x_s = \bar{x}_s)$. Dann ist die Gruppenmatrix $X = (x_{st^{-1}})$ "normal" (d. h. $XX^+ = X^+X$, wo $X^+ = (\bar{x}_{ts^{-1}})$) genau wenn

a) bei reellen x_s: G abelsch oder Hamiltonsche 2-Gruppe,

b) bei komplexen x_s: G abelsch ist.

Berman [128] fand folgende beiden Eigenschaften des ganzzahligen Gruppenringes ZG äquivalent zu a):

I) Jede Einheitswurzel in ZG ist trivial, d. h. $\pm s$, $s \in G$

II) Jedes $\Sigma\alpha(s)s \in ZG$ ist mit $\Sigma\alpha(s)\, s^{-1}$ vertauschbar.

Berman [129] hat auch Formeln für die Anzahl der irreduziblen Darstellun-

125) P. Wolf, Math. Nachr. 11, 129-133 (1954).

126) T.S. Motzkin und O. Taussky, Nederl. Akad. Wetensch. Proc. 55 = Indagationes Math. 14, 511-512 (1952).

127) O. Taussky, Proc. Amer. Math. Soc. 6, 984-986 (1955).

128) S.D. Berman, Dokl. Akad. Nauk SSSR (N.S.) 91, 7-9 (1953).

129) loc. cit. [19].

gen einer endlichen abelschen Gruppe von gegebenem Grad über dem Körper Q der rationalen Zahlen hergeleitet und daraus den Satz: Zwei endliche abelsche Gruppen sind isomorph, wenn ihre Gruppenringe über Q es sind, ein bereits von *Perlis* und *Walker* [130] erhaltenes Ergebnis. (Vgl. Nr. 5, Ende).

B. GEWÖHNLICHE DARSTELLUNGEN SPEZIELLER GRUPPEN

12. *Symmetrische und alternierende Gruppen.* Die Darstellungstheorie der symmetrischen Gruppe S_n stammt von *G. Frobenius* und *A. Young* (seit 1900). Young ging von einer ganz anderen Problemstellung aus, konnte aber bald die formale Übereinstimmung feststellen. Die Theorie ist in den meisten Lehrbüchern dargestellt, besonders ausführlich bei *Rutherford* und bei *Boerner* und ohne Beweise bei *Robinson*. Eine gute Darstellung gibt auch *Garnir* [131]; eine andersartige vollständige Darstellung, basierend auf Funktionenmoduln, findet man in den Arbeiten von *Specht* [132].

Eine Klasse konjugierter Elemente in S_n besteht jeweils aus allen Elementen gleicher Zyklenzerlegung, ist also durch eine *Partition*, eine Zerlegung der Zahl n in $h \leq n$ positive ganzzahlige Summanden gegeben. Es muß also auch ebensoviele irreduzible Darstellungen wie Partitionen geben, und in der Tat kann jeder Partition $(\lambda) = (\lambda_1, \ldots, \lambda_h)$, $\lambda_1 \geq \ldots \geq \lambda_h > 0$, $\lambda_1 + \ldots + \lambda_h = n$ eine Äquivalenzklasse irreduzibler Darstellungen zugeordnet werden. Zu (λ) zeichne man ein *Young-Diagramm*, bestehend aus h Felderzeilen der Längen $\lambda_1, \ldots, \lambda_h$, die mit den Anfängen untereinanderstehen; dann genügen auch die Spaltenlängen $\lambda'_1, \ldots, \lambda'_k$ der Bedingung $\lambda'_1 \geq \ldots \geq \lambda'_k > 0$. Das Diagramm und zugleich die Darstellung werden mit $[\lambda]$ bezeichnet. Das Diagramm dient als "Rahmen" für ein "Tableau" T_λ, das aus ihm durch Eintragen der Zahlen $1, \ldots, n$ in irgendeiner Reihenfolge in die Felder entsteht. (Bei *Curtis-Reiner* steht "table" für das Diagramm, "diagram" für das Tableau. Es entspricht aber dem allgemeinen Sprachgebrauch der neueren Literatur und insbesondere *Robinsons*, daß wie oben mit Young-Diagramm der häufiger gebrauchte Begriff bezeichnet wird, der bei *Boerner* als "Rahmen" dem - von *Young* selbst eingeführten - "Tableau" gegenübergestellt wird.) Zu T_λ gehört die Untergruppe P_λ der "Horizontalpermutationen" p, die nur solche Zahlen untereinander permutieren, die in der gleichen Zeile stehen, direktes Produkt von h symmetrischen Gruppen $S_{\lambda_1}, \ldots, S_{\lambda_h}$, und die analoge Gruppe Q_λ der "Vertikalpermutationen" q. Dann ist im Gruppenring KS_n (wo K irgendein Körper der Charakteristik 0 sein darf, denn die absolut irreduziblen Darstellungen sind bereits im Körper der rationalen Zahlen realisierbar, s.u.) das Element $e = \sum_{p,q} \epsilon_q pq$ ($\epsilon_q = \pm 1$ jenachdem q gerade oder ungerade) bis auf einen Zahlenfaktor idempotent, und das Linksideal $KS_n e$ vermittelt die zu (λ) gehörige irreduzible

130) loc. cit. [18].
131) H.G. Garnir, Mém. Soc. Roy. Sci. Liège Coll. in-4° 10, 100 S. (1950).
132) W. Specht, Math. Z. 39, 696-711 (1935); 42, 774-779 (1937).

Darstellung; dabei sind zwei solche Darstellungen genau dann äquivalent, wenn die Tableaux zum gleichen Diagramm gehören. Der *Grad* f_λ der Darstellung $[\lambda]$ ist gleich der Anzahl der "Standard-Tableaux" (*Young*), das sind diejenigen, bei denen die eingetragenen Zahlen in jeder Zeile von links nach rechts und in jeder Spalte von oben nach unten zunehmen.

$\frac{f_\lambda}{n!}\, e$ ist idempotent. Eine explizite Formel für den Grad ist

$$f_\lambda = \frac{n!}{\prod\limits_i \mu_i!} \prod_{i<k} (\mu_i - \mu_k) ,$$

wo $\mu_i = \lambda_i + h - i$ gesetzt ist. Eine noch einfachere Formel [133] ist

$$f_\lambda = \frac{n!}{\prod\limits_{i,k} h_{ik}} ,$$

wo mit h_{ik} die Länge des durch das Feld (i,k) des Diagramms bestimmten *Hakens* bezeichnet ist, das ist die Figur, die aus allen Feldern (i,k'), $k' \geq k$, und (i',k), $i' \geq i$ besteht. Der Begriff des Hakens wurde zuerst von *Nakayama* eingeführt und ist besonders für die modulare Darstellungstheorie der S_n von Bedeutung.

Das Diagramm $[\lambda']$, dessen Zeilen die Spalten von $[\lambda]$ sind, heißt zu $[\lambda]$ *assoziiert*; die zugehörigen Darstellungen sind bzgl. der alternierenden Gruppe A_n assoziiert im Sinne von Nr. 10. Die Diagramme mit $[\lambda'] = [\lambda]$, die also zu ihrer Hauptdiagonale symmetrisch sind, gehören demnach zu den selbstassoziierten Darstellungen.

Verfahren zur numerischen Berechnung der irreduziblen Darstellungen hat *Young* angegeben; es gibt bei ihm drei spezielle Formen: die "natürliche" Darstellung, bei der die Matrizen ganzzahlig ausfallen, die "seminormale" mit rationalen Matrizen und die mit dieser eng zusammenhängende orthogonale (s.u.). Ein einfaches Verfahren zur Herstellung der natürlichen Darstellung findet man bei *Boerner* beschrieben; für die Herleitung der seminormalen und orthogonalen sei auf *Rutherford* verwiesen, der die von *Thrall* [134] angegebene kurze Herleitung darstellt. Hier mögen nur für diese beiden Darstellungen die Formeln angegeben werden. Es genügt, die Matrix $S = (s_{\mu\nu})$ anzugeben, die eine Transposition $s = (r, r+1)$ darstellt. Als Zeilen- und Spalteneingänge dienen die Standard-Tableaux in folgender Reihenfolge: zuerst kommen die, bei denen n am Ende der letzten Zeile steht, dann die mit n am Ende der vorletzten usw.; unter denen, die n an der gleichen Stelle haben, wird analog mit n-1 verfahren, usw. In dieser Reihenfolge seien sie mit $T_1, \ldots, T_{f_\lambda}$ bezeichnet. Dann sieht die Matrix S so aus:

1) wenn r und $r+1$ in T_μ in der gleichen Zeile stehen, ist $s_{\mu\mu} = 1$;

133) J.S. Frame, G. de B. Robinson und R.M. Thrall, Canad. J. Math. 6, 316-324 (1954).

134) R.M. Thrall, Duke Math. J. 8, 611-624 (1941).

2) wenn r und $r+1$ in T_μ in der gleichen Spalte stehen, ist $s_{\mu\mu} = -1$;

3) wenn r und $r+1$ in T_μ in verschiedenen Zeilen und verschiedenen Spalten stehen, etwa an den Stellen (i,j) und (k,l), und es ist $i<k$, dann ist (weil T_μ "standard" ist) $j>l$, und das Tableau T_ν, das aus T_μ durch Vertauschung von r und $r+1$ entsteht, ist standard und $\mu<\nu$. Dann setze man $\frac{1}{\rho} = (j-l) + (k-i)$ und $\begin{pmatrix} s_{\mu\mu} & s_{\mu\nu} \\ s_{\nu\mu} & s_{\nu\nu}\end{pmatrix} = \begin{pmatrix} -\rho & 1-\rho^2 \\ 1 & \rho \end{pmatrix}$ für die seminormale, $\begin{pmatrix} -\rho & \sqrt{1-\rho^2} \\ \sqrt{1-\rho} & \rho \end{pmatrix}$ für die orthogonale Darstellung;

4) alle andern $s_{\mu\nu}$ sind Null.

Geometrische Untersuchungen zu den orthogonalen Darstellungen der S_n hat *Robinson* [135] angestellt. *Burrow* [136] gibt eine interessante Verallgemeinerung der Methode, mit Hilfe der Untergruppen P und Q einfache Idempotente des Gruppenrings zu erzeugen, auf beliebige endliche Gruppen.

Der *Charakter* der irreduziblen Darstellung $[\lambda]$ der S_n werde mit χ_α^λ bezeichnet. Dabei bedeutet $(\alpha) = (\alpha_1, \ldots, \alpha_n)$ die Klasse der Permutationen aus α_1 1-Zyklen, α_2 2-Zyklen usw., $\alpha_1 + 2\alpha_2 + \ldots + n\alpha_n = n$. χ_α^λ ist nach *Frobenius* der Koeffizient von $x_1^{\mu_1} \ldots x_h^{\mu_h}$ $(\mu_i = \lambda_i + h - i$ wie oben) im Polynom $\Delta(x_1^{\beta_1} + x_2^{\beta_1} + \ldots + x_h^{\beta_1})(x_1^{\beta_2} + x_2^{\beta_2} + \ldots + x_h^{\beta_2}) \ldots$, wo $\Delta = \prod_{i<k} (x_i - x_k)$ und wobei die β_i die Zyklenlängen sind.

Praktische Methoden zur Berechnung der Charaktere fließen aus einer von *Murnaghan* [137] angegebenen Rekursionsformel, welche den Charakter χ_α^λ mit den Charakteren der Gruppe S_{n-r} verknüpft, die zu der Klasse (α') gehören, die aus (α) durch Wegnahme eines r-Zykels entsteht. Sie gilt natürlich nur, wenn $\alpha_r > 0$ ist, und lautet

(12.1)
$$\chi_\alpha^{\lambda_1, \ldots, \lambda_h} = \chi_{\alpha'}^{\lambda_1 - r, \lambda_2, \ldots, \lambda_h} + \chi_{\alpha'}^{\lambda_1, \lambda_2 - r, \ldots, \lambda_h} + \ldots + \chi_{\alpha'}^{\lambda_1, \ldots, \lambda_h - r}.$$

Hier ist jeder Summand der rechten Seite, dessen obere Indizes gegen die Regel verstoßen, daß keiner größer als der vorhergehende sein darf, wie folgt zu behandeln. Er ist wegzulassen, wenn (1) ein Index um 1 größer als der vorhergehende oder wenn (2) der letzte Index negativ ist. In allen anderen Fällen wird der Index, der kleiner als der folgende ist, "nach rechts geschoben", genauer: mit dem folgenden vertauscht und dabei um 1 erhöht und der andre um 1 erniedrigt; bei jeder solchen Verschiebung ist das Vorzeichen des Summanden umzukehren. So fährt man fort, bis man eine regelrechte Indexfolge (also einen Charakterwert von S_{n-r}) erhält oder auf einen der Fälle (1) oder (2) stößt, worauf das Glied wegzulassen ist.

Die Methode zur Berechnung von χ_α^λ, die *Murnaghan* [137] und *Nakayama* [138] aus dieser Formel entwickelt haben, kann so beschrieben werden:

135) G. de B. Robinson, Proc. London Math. Soc. (2) 38, 402-413 (1935).
136) M.D. Burrow, Canad. J. Math. 6, 498-508 (1954).
137) F.D. Murnaghan, Proc. Nat. Acad. Sci. U.S.A. 23, 277-280 (1937); Amer. J. Math. 59, 437-488 (1937).
138) T. Nakayama, Jap. J. Math. 17, 165-184, 411-423 (1940/41).

Zu jedem Haken (s. o.) gehört ein "reguläres Randstück" oder "Schiefhaken" (*Robinson*) aus ebensovielen Feldern, bestehend aus allen Randfeldern des Diagramms (d. h. Feldern, von denen die rechte oder die untere Seite oder auch nur die rechte untere Ecke zum Rand der Figur gehört) vom rechten Endfeld bis zum unteren Endfeld des Hakens. Sind nun $\beta_1, \ldots, \beta_q$ wie oben die Zyklenlängen der Klasse (α), so bestimme man alle Arten, auf die sich das Diagramm $[\lambda]$ durch Nacheinanderwegnehmen von Schiefhaken der Längen $\beta_1, \ldots, \beta_q$ (in irgendeiner Reihenfolge) abbauen läßt. Die bei der ρ-ten Art vorkommenden Randstücke mögen zusammen k_ρ Vertikalschritte enthalten. *Dann ist* $\chi_\alpha^\lambda = \sum_\rho (-1)^{k_\rho}$. (Ist die Summe der rechten Seite leer, d. h. kann von $[\lambda]$ kein reguläres Randstück der Länge β_1 gestrichen werden, so ist $\chi_\alpha^\lambda = 0$.) Einen Beweis dieses Satzes findet man im Buch von *Boerner*.

Murnaghan [139] hat entdeckt, daß es von Vorteil ist, das System $(\lambda_1, \ldots, \lambda_h)$ in der Form $(n-p, \nu_1, \ldots, \nu_r)$ zu schreiben $(r=h-1,\ \nu_1 + \ldots + \nu_r = p)$, und hat von diesem Kunstgriff vielfachen Gebrauch zur Berechnung von Charakteren und zur Analyse von Produkten (Nr. 13) gemacht. Es stellt sich heraus, daß der Charakter der Darstellung, deren Diagramm so geschrieben wird, nicht von n abhängt, so daß man die Charaktere verschiedener Darstellungen verschiedener symmetrischer Gruppen mit einem Schlag berechnet. Er hängt zudem nur von $\alpha_1, \ldots, \alpha_p$ ab, also nur von den Anzahlen der Zyklen der Längen $\le p$, die in der Permutation vorkommen; und er ist ein *Polynom* in diesen Veränderlichen. Eine allgemeine Formel für dieses Polynom, das mit $[\nu](\alpha)$ bezeichnet sei, hat *Gamba* [140] angegeben. Man setze $[\nu]_h = [\nu_1-h, \nu_2, \ldots, \nu_r] + [\nu_1, \nu_2-h, \ldots, \nu_r] + \ldots + [\nu_1, \ldots, \nu_r-h]$ wobei mit den Summanden rechts analoge Umformungen vorzunehmen sind wie bei (12.1) angegeben. Es ist $[\nu]_{hj} = [\nu]_{jh}$. Dann lautet Gambas Formel

$$[\nu](\alpha) = \sum [\nu]_{1^{k_1} 2^{k_2} \ldots p^{k_p}}(0) \binom{\alpha_1}{k_1}\binom{\alpha_2}{k_2}\cdots\binom{\alpha_p}{k_p},$$

wobei die Summe über alle Systeme $k_1, \ldots, k_p$ von ganzen nichtnegativen Zahlen mit $0 \le k_1 + 2k_2 + \ldots + pk_p \le p$ zu erstrecken ist und die $\binom{\alpha_i}{k_i}$ gewöhnliche Binomialkoeffizienten sind. Zur Berechnung der Koeffizienten braucht man noch die Werte $[\nu](0)$: für $p = 0, 1, 2, \ldots$ ist $[1^p](0) = (-1)^p$ (1^p bedeutet $1, 1, \ldots, 1$), dagegen $[\nu](0) = 0$ für alle anderen (ν). Auch die Herleitung dieser Formel findet sich bei *Boerner*; eine ähnliche Methode zur Berechnung der Charaktere hat *Specht* [141] angegeben.

In *Littlewoods* Buch findet man die Charaktere der symmetrischen Gruppen S_n bis $n = 10$ angegeben. *Zia-ud-Din* [142] hat die Tafeln für $n = 11$,

139) F.D. Murnaghan, Amer. J. Math. 59, 739-753 (1937); Proc. Nat. Acad. Sci. U.S.A. 37, 55-58 (1951); Anais Acad. Brasil. Ci. 23, 141-154 (1951); Proc. Nat. Acad. Sci. U.S.A. 41 396-398 (1955).

140) A. Gamba, Atti Acad. Naz. Lincei, Rend. Mem. Cl. Sci. Fis. Mat. Natur. Sez. I. (8) 12, 167-169 (1952).

141) W. Specht, Math. Z. 73, 312-329 (1960).

142) M. Zia-ud-Din, Proc. London Math. Soc. (2) 39, 200-204 (1935); 40, 558 (1936); 42, 340-355 (1937).

12 und 13 aufgestellt, *Kondô* [143] die für $n = 14$, *Bivins*, *Metropolis*, *Stein* und *Wells* [144] für $n = 15$ und 16, wobei sie den Hinterlegungsort der für die Publikation schon zu umfangreichen Tafeln angeben. *Comét* [145] stellt mit dem Zweck der Berechnung der Charaktere mit einer elektronischen Anlage eine Theorie der "Binärmodelle" auf, die auch an sich von Interesse ist.

Morris [146] hat in mehreren Abhandlungen die von ihm so genannten Spindarstellungen der symmetrischen Gruppe gründlich untersucht, das sind zweideutige Darstellungen oder Darstellungen einer "Überlagerungsgruppe" der Ordnung $2n!$, die man erhält, wenn man S_n als Permutationsgruppe vom Grad n schreibt und die orthogonalen Permutationsmatrizen durch die entsprechenden Matrizen der Grund-Spindarstellung der orthogonalen Gruppe ersetzt. Morris' Theorie dringt bis zur Aufstellung eines Analogons zur Hakentheorie vor, zur Vorbereitung der Behandlung modularer Spindarstellungen.

Die Darstellungen der *alternierenden Gruppe* A_n hat schon *Frobenius* bestimmt. Die in Nr. 10 dargestellten Resultate sind auf den einfachsten Fall anzuwenden: A_n ist Normalteiler vom Index 2 in S_n. Hier sei nur vollständig angegeben, wie aus der Charakterentafel T von S_n diejenige von A_n zu gewinnen ist. (Explizite Angabe von Darstellungsmatrizen bei *Puttaswamaiah* und *Robinson* [147]). Zunächst sind aus T die Spalten wegzustreichen, die zu den ungeraden Klassen gehören. Von den geraden Klassen von S_n sind die meisten auch Klassen der A_n; nur diejenigen mit lauter ungeraden und verschiedenen Zyklenlängen (etwa $q_1 > q_2 > \dots > q_k$) zerfallen in A_n in zwei Klassen der halben Elementezahl. Hier sind also aus einer Spalte zwei zu machen. Weiter ist in T von je zwei Zeilen, die zu assoziierten Darstellungen gehören, deren Young-Diagramme also auseinander durch Spiegelung an der Hauptdiagonale hervorgehen (sie stimmen auf A_n überein), eine zu streichen. Bei der beibehaltenen ist, wo sie eine der verdoppelten Spalten kreuzt, der alte Wert in die beiden neuen Felder einzutragen. Aus jeder Zeile, die zu einer selbstassoziierten Darstellung gehört (Young-Diagramm zur Hauptdiagonale symmetrisch) sind zwei zu machen, eine solche Darstellung zerfällt ja in A_n in zwei irreduzible vom halben Grad. Einem solchen symmetrischen Diagramm ist eine bestimmte aufgespaltene Klasse zugeordnet: die q_j (s.o.) sind die Längen der Haken, die zu den Feldern der Hauptdiagonale gehören, also die Zahlen $2\lambda_1-1$, $2\lambda_2-3$, ... An der Kreuzung mit allen andern Spalten, verdoppelt oder nicht, ist in die zwei neuen Zeilen

143) K. Kondô, Proc. Phys.-Math. Soc. Japan (3) 22, 585-593 (1940).

144) R.L. Bivins, N. Metropolis, P.R. Stein und M.B. Wells, Math. Tab. Aids Comput. 8, 212-216 (1954).

145) S. Comét, Kungl. Fysiografiska Sällskapets i Lund Förhandlingar Proc. Roy. Physiog. Soc. Lund 14, Nr. 7, 1-11 (1944); Tolfte Skandinaviske Matematikerkongressen, Lund, 1953, 18-23 (1954); Math. Tab. Aids Comput. 9, 143-146 (1955); Numer. Math. 1, 90-109 (1959).

146) A.O. Morris, J. London Math. Soc. 33, 326-333 (1958); Quart. J. Math. Oxford Ser. (2) 12, 169-176 (1961); J. London Math. Soc. 37, 445-455 (1962); Quart. J. Math. Oxford Ser. (2) 13, 241-246 (1962); Proc. London Math. Soc. (3) 12, 55-76 (1962); Quart. J. Math. Oxford Ser. (2) 14, 247-253 (1963); Canad. J. Math. 17, 543-549 (1965).

147) B.M. Puttaswamaiah, Thesis. Toronto 1963. 204 S.; B.M. Puttaswamaiah und G. de B. Robinson, Canad. J. Math. 16, 587-601 (1964).

die Hälfte des alten Wertes einzutragen, bei verdoppelten also zweimal. (Die alten Werte sind hier durchweg gerade Zahlen.) An der Kreuzung der verdoppelten Zeile mit der *zugehörigen* verdoppelten Spalte ist $\begin{smallmatrix} x & y \\ y & x \end{smallmatrix}$ einzutragen mit den beiden Zahlen x, $y = \frac{1}{2}(\chi \pm \sqrt{p\chi})$, wo χ der alte Wert und $p = q_1 \ldots q_k$.

Man findet die Darstellungstheorie der alternierenden Gruppe auch in den Arbeiten von *Specht* [148] und *Garnir* [149]. Der sehr mühsame Beweis des Frobeniusschen Resultats über die quadratische Irrationalität ist nur in *Boerners* Buch dargestellt. *Specht* beweist, daß für ein selbstassoziiertes Diagramm jede der beiden irrationalen Darstellungen von A_n im Körper der b-ten Einheitswurzeln realisiert werden kann, wenn $p = a^2 b$ mit quadratfreiem b (p wie oben: $p = q_1 \ldots q_k$). *Kondô* [150] gibt den *Verzweigungssatz* an, d.h. wie sich irreduzible Darstellungen von A_n bei Beschränkung auf A_{n-1} aufspalten. Der entsprechende Satz für S_n ist in der Formel (12.1) von *Murnaghan* für $r = 1$ enthalten. Eine Verbindung zu ganz andersartigen Resultaten der modernen Algebra stellt *Kostant* [151] her.

13. *Beziehungen zur vollen linearen Gruppe und verschiedene Produktbildungen.* Die Darstellungstheorie der vollen linearen Gruppen gehört nicht in den Rahmen dieses Berichts. Doch ist die Wechselwirkung mit der Theorie der symmetrischen Gruppen - seit *I. Schurs* Dissertation (1901) entwikkelt und in vielen Büchern dargestellt, am schönsten bei *Weyl* [152] - auch für die letztere so wichtig, daß sie hier ganz kurz angegeben sei (neuere Entwicklungen dazu auch bei *Littlewood* [153], *Wallace* [154] und *Specht* [155]; s. auch *Robinsons* Buch). Wir beschränken uns auf die ganzrationalen Darstellungen; die Theorie der sämtlichen stetigen Darstellungen, die man ebenfalls *I. Schur* verdankt, ist im Buch von *Boerner* wiedergegeben. Elemente der vollen linearen Gruppe $GL(d)$ sind die nichtsingulären komplexen (d,d)-Matrizen A. Man erhält die irreduziblen ganzrationalen Darstellungen dieser Gruppe vom (Polynom-)Grad n, indem man die n-te Kroneckerpotenz $A^{[n]}$ von A ausreduziert. Die Elemente des Darstellungsraums sind die Tensoren n-ter Stufe. Die im Tensorraum durch die $A^{[n]}$ bewirkten Transformationen, also auch ihre lineare Hülle (das ist die Gesamtheit der "bisymmetrischen Transformationen"), sind vertauschbar mit den Permutationen der Tensorindizes, also auch mit deren linearer Hülle, einer Darstellung des Gruppenringes der symmetrischen Gruppe S_n. Der Einfachheit halber sei $d \geq n$ vorausgesetzt. Dann liefert die Anwendung der Sätze über vertauschbare Matrixalgebren, daß zu jedem Young-Diagramm (λ) nicht nur eine irreduzible Darstellung $[\lambda]$ von S_n, sondern auch eine irreduzible Dar-

148) W. Specht, Math. Z. 43, 553-572 (1938).
149) H.G. Garnir, Acad. Roy. Belgique. Cl. Sci. Mém. Coll. in 8° (2) 26, no. 1615, 22 S. (1951).
150) K. Kondô, Proc. Imp. Acad. Tokyo 16, 131-135 (1940).
151) B. Kostant, J. Math. Mech. 7, 237-264 (1958).
152) H. Weyl, The classical groups, s. Lehrbücherverzeichnis.
153) D.E. Littlewood, Proc. London Math. Soc. (2) 43, 226-240 (1937).
154) A.H. Wallace, Proc. London Math. Soc. (3) 2, 98-127 (1952).
155) W. Specht, Math. Z. 51, 377-403 (1948).

stellung $\{\lambda\}$ von $GL(d)$ gehört, die mit der Vielfachheit f_λ auftritt, wo f_λ wie früher der Grad von $[\lambda]$ ist. Der Grad von $\{\lambda\}$ ist

$$\delta_\lambda(d) = \frac{\Delta(\mu_1, \ldots, \mu_d)}{\Delta(d-1, d-2, \ldots, 0)}$$

wo im Zähler und Nenner die Differenzenprodukte der betreffenden Zahlen stehen und wo $\lambda_{h+1} = \ldots = 0$ und $\mu_j = \lambda_j + d - j$ zu setzen ist. $\delta_\lambda(d)$ ist (analog zu den Standard-Tableaux bei f_λ) die Anzahl der Möglichkeiten, Zahlen aus der Reihe $1, \ldots, d$ so in das Young-Diagramm einzutragen, daß die Zahlen in jeder Zeile von links nach rechts nicht abnehmen und in jeder Spalte von oben nach unten zunehmen (*Boerner* [156]). Eine Formel, die wieder die Hakenlängen h_{ij} (Nr. 12) benutzt, gibt *Robinson* nach *Ph. Hall* an [157]: man setze $c_{ij} = d + j - i$, dann ist

$$\delta_\lambda(d) = \frac{\Pi\, c_{ij}}{\Pi\, h_{ij}}$$

Der *Charakter* $\varphi_\lambda(A)$ der Darstellung $\{\lambda\}$ hängt mit den Charakterwerten χ_α^λ der Darstellung $[\lambda]$ ((α) sei wieder die Klasse mit α_1 Einer-, α_2 Zweierzyklen usw., h_α ihre Ordnung) durch die folgende Formel von *Frobenius* zusammen:

$$\varphi_\lambda(A) = \frac{1}{n!} \sum_\alpha h_\alpha \chi_\alpha^\lambda s_1^{\alpha_1} \ldots s_n^{\alpha_n} = \sum_\alpha \frac{\chi_\alpha^\lambda}{\alpha_1! \ldots \alpha_n!} \left(\frac{s_1}{1}\right)^{\alpha_1} \left(\frac{s_2}{2}\right)^{\alpha_2} \ldots \left(\frac{s_n}{n}\right)^{\alpha_n} .$$

Dabei ist s_j die Spur der (gewöhnlichen) Potenz A^j von A. Diese Charaktere, manchmal zur Unterscheidung von den Charakteren χ symmetrischer Gruppen, mit denen sie gemeinsam auftreten, *Charakteristiken* genannt, sind symmetrische Polynome in den s_j und heißen als solche in der neueren Literatur zu Ehren *I. Schurs Schur-* oder *S-Funktionen*. Mit ihnen beschäftigt sich z.B. *Foulkes* [158], mit Verallgemeinerungen *Green* [159], *Littlewood* [160] und *Morris* [161].

Es sind für die Darstellungen $[\lambda]$ der S_n und die Darstellungen $\{\lambda\}$ der $GL(d)$ eine Anzahl Produktbildungen eingeführt worden, die alle mehr oder weniger mit Kroneckerprodukten zu tun haben. Ich folge bei ihrer Aufzählung der Nomenklatur und Bezeichnung *G. de B. Robinsons* in seinem Buch, bei der die Reziprozität zwischen beiden Gruppen gut zum Augenschein kommt. Es stimmen immer die Nummern der auf der einen Seite vorkommenden symmetrischen Gruppen mit dem Rang (d.h. dem Polynomgrad) der Darstellungen auf der andern Seite überein; und jedesmal ist die "Analyse"

156) H. Boerner, Arch. Math. 1, 52-55 (1948); implizit auch schon bei Littlewood loc. cit. [153]).

157) G. de B. Robinson, Canad. Math. Bull. 1, 21-23 (1958).

158) H.O. Foulkes, Proc. London Math. Soc. (3) 2, 45-59 (1952).

159) J.A. Green, Centre Belge Rech. math., Colloque d'Algèbre supérieure, Bruxelles du 19 au 22 déc. 1956, 207-215 (1957).

160) D.E. Littlewood, Proc. London Math. Soc. (3) 11, 485-498 (1961).

161) A.O. Morris, Proc. London Math. Soc. (3) 13, 733-742 (1963).

des Produkts, d.h. die Zerlegung in irreduzible Bestandteile, auf beiden Seiten die gleiche.

1. Das *äussere Produkt* $[\mu]\cdot[\nu]$ einer Darstellung von S_m und einer von S_n ist diejenige Darstellung der S_{m+n}, die von der irreduziblen Darstellung $[\mu]\times[\nu]$ (Kroneckerprodukt) einer in S_{m+n} enthaltenen Gruppe $S_m\times S_n$ (direktes Produkt) induziert wird. Es wurde zuerst von *Murnaghan* [162] betrachtet. Der Grad ist $\frac{(m+n)!}{m!n!}f_\mu f_\nu$. Ihm entspricht bei der $GL(d)$ das gewöhnliche Kroneckerprodukt $\{\mu\}\times\{\nu\}$ vom Rang $m+n$ mit dem Charakter $\varphi_\mu\varphi_\nu$. (Z.B. ist das äußere Produkt von n Faktoren [1] der S_1 die reguläre Darstellung von S_n mit der Zerlegung $\sum_\lambda f_\lambda[\lambda]$; ihm entspricht die n-te Kroneckerpotenz von A selbst (das ist $\{1\}$) mit der Zerlegung $\{1\}\times\ldots\times\{1\}\sim\sum_\lambda f_\lambda\{\lambda\}$, s.o.) Man erhält genau alle irreduziblen Bestandteile von $[\mu]\cdot[\nu]$ und damit auch von $\{\mu\}\times\{\nu\}$ nach der "*Littlewood-Richardson-Regel*" [163] so: Zum Diagramm $[\mu]$ füge man die Felder der ersten Zeile von $[\nu]$. Sie können zu einer Zeile hinzugefügt oder irgendwie in Teilmengen aufgeteilt an verschiedene Zeilen gefügt werden. Nach diesen Anfügungen darf keine Zeile des entstandenen Diagramms länger sein als eine vorhergehende, und keine zwei angefügten Felder dürfen in der gleichen Spalte stehen. Dann macht man das gleiche mit der zweiten Zeile von $[\nu]$ usw., bis $[\nu]$ ganz verbraucht ist. Dabei soll noch darauf geachtet werden, daß von zwei Feldern, die in $[\nu]$ unmittelbar untereinander stehen, auch im neuen Diagramm das untere in einer späteren Zeile steht als das obere.

Mit dem äußeren Produkt beschäftigt sich eine Reihe von Arbeiten von *Feit* [164], *Murnaghan* [165], *Robinson* [166], *Thrall* [167]. Dort werden auch die sogenannten *Schiefdarstellungen* $[\lambda]-[\mu]$ symmetrischer Gruppen behandelt, worunter folgendes verstanden wird: Ist $[\mu]\cdot[\nu]\sim\sum_\lambda m_{\mu\nu\lambda}[\lambda]$, so bezeichnet man mit $[\lambda]-[\mu]$ die Darstellung der S_n mit der Zerlegung $\sum_\nu m_{\mu\nu\lambda}[\nu]$.

2. Das *innere Produkt* $[\mu]\times[\nu]$ zweier Darstellungen von S_m mit dem Charakter $\chi^\mu\chi^\nu$ ist das gewöhnliche Kroneckerprodukt. Ihm wird, wenn seine Zerlegung $[\mu]\times[\nu]\sim\sum_\lambda d_{\mu\nu\lambda}[\lambda]$ lautet, formal ein durch $\{\mu\}\cdot\{\nu\}=\sum_\lambda d_{\mu\nu\lambda}\{\lambda\}$ definiertes Produkt vom Rang m gegenübergestellt. Diesen Produk-

162) loc. cit. [137].

163) D.E. Littlewood und A.R. Richardson, Philos. Trans. Roy. Soc. London Ser. A. 233, 99-142 (1934); G. de B. Robinson, Amer. J. Math. 60, 745-760 (1938).

164) W. Feit, Proc. Amer. Math. Soc. 4, 740-744 (1953).

165) F.D. Murnaghan, Proc. Nat. Acad. Sci. U.S.A. 23, 488-490 (1937); Amer. J. Math. 60, 44-65 (1938); Proc. Nat. Acad. Sci. USA. 36, 476-479 (1950).

166) G. de B. Robinson, Amer. J. Math. 69, 286-298 (1947); 70, 277-294 (1948); Proc. Nat. Acad. Sci. U.S.A. 42, 357-359 (1956).

167) R.M. Thrall und G. de B. Robinson, Amer. J. Math. 73, 721-724 (1951).

ten sind Arbeiten von *Gamba* und *Radicati* [168], *Littlewood* [169], *Livingstone* [170], *Makar* [171], *Murnaghan* [172], *Robinson* und *Taulbee* [173] gewidmet.

3. Das *symmetrisierte äussere Produkt* $\{\mu\}\otimes\{\nu\}$ vom Rang mn bei der $GL(d)$ wurde von *Littlewood* [174] eingeführt und zuerst "neue Multiplikation", später "plethysm" genannt. Als Multiplikation der Charakteristiken, also der S-Funktionen, kann es so erklärt werden: man ersetze in φ_ν die Argumente s_j, Spuren der Potenzen von A, durch die Spuren S_j der Potenzen der A bei $\{\mu\}$ darstellenden Matrix. Die Analyse dieses Produkts, das für invariantentheoretische Zwecke von Wichtigkeit ist, wurde von *Duncan* [175], *Foulkes* [176], *Ibrahim* [177], *Littlewood* [178], *Makar* und *Missiha* [179], *Murnaghan* [180], *Newell* [181], *Todd* [182], *Zia-ud-Din* [183] gefördert. Die n-te Kroneckerpotenz von $\{\mu\}$ ist $\sum_\nu f_\nu\{\mu\}\otimes\{\nu\}$. - Das entsprechende Produkt $[\mu]\odot[\nu]$, Darstellung von S_{mn}, wird von einer gewissen Darstellung des Normalisators einer Untergruppe $S_m\times\ldots\times S_m$ (n Faktoren) induziert. Hierzu *Robinson* [184], *Todd* [185]. Der Grad von $[\mu]\odot[\nu]$ ist $\frac{(mn)!}{(m!)^n n!}(f_\mu)^n f_\nu$. Natürlich ist $[\mu]\cdot[\mu]\cdot\ldots\cdot[\mu]\sim\sum_\nu f_\nu[\mu]\odot[\nu]$ (links n Faktoren).

4. Schließlich gibt es auch noch das *symmetrisierte innere Produkt*

168) A. Gamba und L.A. Radicati, Atti Accad. Naz. Lincei Rend. Mem. Cl. Sci. Fis. Mat. Natur. 14, 632-634 (1953).

169) D.E. Littlewood, J. London Math. Soc. 31, 89-93 (1956); 32, 18-22 (1957); Canad. J. Math. 10, 1-16 (1958).

170) D. Livingstone, Proc. Nat. Acad. Sci. U.S.A. 43, 618-619 (1957).

171) R.H. Makar, Proc. Edinburgh Math. Soc. (2) 8, 133-137 (1949).

172) F.D. Murnaghan, Amer. J. Math. 60, 761-784 (1938); Proc. Nat. Acad. Sci. U.S.A. 41, 514-515, 515-518, 1096-1103 (1955); 42, 95-98 (1956).

173) G. de B. Robinson und O.E. Taulbee, Proc. Nat. Acad. Sci. U.S.A. 40, 723-726 (1954).

174) D.E. Littlewood, J. London Math. Soc. 11, 49-55 (1936).

175) D.G. Duncan, J. London Math. Soc. 27, 235-236 (1952); Canad. J. Math. 4, 504-512 (1952); 6, 509-510 (1954).

176) H.O. Foulkes, J. London Math. Soc. 24, 136-143 (1949); 26, 132-139 (1951); Philos. Trans. Roy. Soc. London Ser. A. 246, 555-591 (1954).

177) E.M. Ibrahim, Quart. J. Math. Oxford Ser. (2) 3, 50-55 (1952); Proc. Math. Phys. Soc. Egypt 5 (1954) no. 2, 85-86. (2 plates)(1955); Proc. Amer. Math. Soc. 7, 199-202 (1956); Proc. Math. Phys. Soc. Egypt 22 (1958), 137-142. (2 inserts) (1959).

178) D.E. Littlewood, Philos. Trans. Roy. Soc. London Ser. A. 239, 305-365 (1944); Proc. London Math. Soc. (3) 6, 251-266 (1956); Canad. J. Math. 10, 17-32 (1958).

179) R.H. Makar und S.A. Missiha, Nederl. Akad. Wetensch. Proc. Ser. A 61 = Indag. Math. 20, 77-93 (1958). R.H. Makar, Nederl. Akad. Wetensch. Proc. Ser. A. 61 = Indag. Math. 20, 475-493 (1958).

180) F.D. Murnaghan, Proc. Nat. Acad. Sci. U.S.A. 37, 51-55 (1951); An. Acad. Brasil Ci. 23, 1-19, 347-368 (1951); Proc. Nat. Acad. Sci. U.S.A. 38, 738-741, 966-973 (1952); 40, 721-723, 822-825 (1954).

181) M.J. Newell, Quart. J. Math. Oxford Ser. (2) 2, 161-166 (1951); Proc. London Math. Soc. (2) 53, 356-362 (1951).

182) J.A. Todd, Proc. Cambridge Philos. Soc. 45, 328-334 (1949).

183) M. Zia-ud-Din, Proc. Edinburgh Math. Soc. (2) 5, 43-45 (1937/8).

184) G. de B. Robinson, Canad. J. Math. 1, 166-175 (1949); 2, 334-343 (1950).

185) J.A. Todd, Canad. J. Math. 2, 331-333 (1950).

(*Littlewood* [186]), *Murnaghan* [187])), das für die Symmetrie des gesamten Aufbaus noch fehlt.

14. *Darstellungen weiterer spezieller Gruppen.* Dieser Abschnitt setzt den Bericht fort, den *van der Waerden* in § 20 seines Berichts [188]) gegeben hat.

Symmetrische und alternierende Gruppen wurden bereits in Nr. 12 behandelt. Die *Hyperoktaedergruppen*, Verallgemeinerung der symmetrischen auf die monomialen Substitutionen mit Elementen ± 1, die schon von *Young* untersucht worden waren, hat auch *Specht* [189]) mit seinen in Nr. 12 erwähnten Methoden behandelt. *Kondô* [190]) gibt, wie für die alternierende Gruppe (Nr. 12), auch für die Hyperoktaedergruppe und für ihre beiden Untergruppen vom Index 2 Verzweigungsregeln $n \to n - 1$ an.

Schiek [191]) behandelt ausführlich die Gruppen von quadratfreier Ordnung, *Vislavskii* [192]) metabelsche p-Gruppen mit zyklischer oder elementar-abelscher Kommutatorgruppe. *Foulkes* [193]) hat für eine Reihe von Gruppentypen der Ordnungen pq, pqr, p^3 und p^2q (p, q, r Primzahlen), die sämtlich lauter monomiale Darstellungen (Nr. 19) besitzen, diese ganz explizit angegeben.

Die Darstellungstheorie der linearen Gruppen über den Galoisfeldern der Ordnung $q = p^k$ wurde weiter gefördert. *Burrow* wendete seine in Nr. 12 erwähnte Methode [194]) auf $GL(2,q)$ an (Bezeichnungen nach *van der Waerden* [188])), ohne alle Charaktere zu erhalten. *Steinberg* [195]) schlug für $k = 2$ einen geometrischen Weg vor, der dem Verfahren bei der S_n nachgebildet ist. Er hat außerdem die Charaktere von $GL(3,q)$, $GL(4,q)$, $PGL(3,q)$ und $PGL(4,q)$ vollständig angegeben [196]). Für $PGL(2,q)$ vgl. *Laudi* [197]) und *Dietz* [198]). Sodann hat *Green* [199]) das Problem für $GL(n,q)$ vollständig gelöst; vgl. dazu noch *Morris* [200]). Die modulare Gruppe $PSL(2,q)$ ist von *Kloosterman* in zwei Arbeiten [201]) vollständig behandelt worden.

Steinberg beschäftigt sich mit den projektiven unimodularen, projektiven symplektischen, projektiven unitären und projektiven orthogonalen Grup-

186) loc. cit. [169]) (2), (3); [178]) (3).
187) loc. cit. [172]) (5).
188) loc. cit. [1]).
189) W. Specht, Math. Z. 42, 629-640 (1937).
190) K. Kondô, Proc. Phys.-Math. Soc. Japan (3) 23, 265-271 (1941).
191) H. Schiek, Dissertation Leipzig 1942. 53 S.; Math. Nachr. 14, 287-307 (1956).
192) M.N. Vislavskii, Izv. Vysš. Učebn. Zaved. Matematika 1964, no. 1 (38), 14-18.
193) H.O. Foulkes, J. London Math. Soc. 21, 226-233 (1946).
194) loc. cit. [136]).
195) R. Steinberg, Trans. Amer. Math. Soc. 71, 274-282 (1951).
196) R. Steinberg, Thesis. University of Toronto Library 1948; Canad. J. Math. 3, 225-235 (1951).
197) G. Laudi, Dissertation. Hamburg 1942. 25 S.
198) H. Dietz, Math. Nachr. 7, 219-256 (1952); Berichtigungen 9, 384 (1953).
199) J.A. Green, Trans. Amer. Math. Soc. 80, 402-447 (1955).
200) A.O. Morris, Math. Z. 81, 112-123 (1963).
201) H.D. Kloosterman, Ann. of Math. 47, 317-375 (1946); Proc. Internat. Congr. Math. (Cambridge Mass., Aug. 30 - Sep. 6, 1950) I, 275-280 (1952).

pen [202], schließlich mit allen, die von den "klassischen Gruppen" incl. der *E. Cartan-Chevalley*schen Ausnahmegruppen noch übrig sind [203], und betrachtet dabei gewisse Darstellungen, deren Grade Potenzen von p sind. Von den Gruppen *PSU*, die bei den Amerikanern *HO*, hyperorthogonale, heißen, studiert *Frame* [204] die $HO(3, q^2)$ mit einer Methode, die ihm mehr als die Hälfte der irreduziblen Darstellungen und dann durch die Charakter-Relationen alle Darstellungsgrade und fast alle Charaktere liefert. Für $HO(3,25)$ und $HO(4,4)$ gibt er die vollständige Charakterentafel an. Neuere Arbeiten über die irreduziblen Darstellungen der endlichen Gruppen vom Lieschen Typ: *Gel'fand* und *Graev* [205], *Curtis* [206].

Für die *verallgemeinertan Quaternionengruppen* gibt *Sagastume Berra* [207] die Darstellungen und Charaktere an. *Todd* [208] leitet für die *Mathieu-Gruppen* M_{12} und M_{24}, deren Charaktere schon *Frobenius* angegeben hatte, Darstellungen durch Kollineationen her. Mit diesen Gruppen beschäftigt sich auch *Stanton* [209]. Bei *Frame* [210], *Edge* [211] und *Todd* [212] werden die Charaktere für einige spezielle endliche Gruppen angegeben, die in der projektiven Geometrie eine Rolle spielen, und die Charakterentafel wird benutzt, um "große" Untergruppen dieser Gruppen aufzufinden, d. h. solche mit kleinem Index. Einige spezielle Gruppen behandelt auch *Kawada* [213].

Die *Kristallgruppen*, Punktgruppen und Raumgruppen, sind in der neueren theoretisch-physikalischen Literatur vielfach behandelt worden, so auch in den zitierten Lehrbüchern von *Hamermesh*, *Ljubarski* und *Lomont*. Hierbei spielen die Methoden von Nr. 10, das Aufsteigen von einem Normalteiler (mit leicht überschaubarer, z. B. auflösbarer Faktorgruppe) zur Gesamtgruppe, eine entscheidende Rolle. Die grundlegenden Abhandlungen über die Raumgruppen, die nicht in den Rahmen dieses Berichts gehören, verdankt man *Seitz* [214] und *Wintgen* [215].

202) R. Steinberg, Canad. J. Math. 8, 580-591 (1956).
203) R. Steinberg, Canad. J. Math. 9, 347-351 (1957).
204) J.S. Frame, Bull. Amer. Math. Soc. 41, 32 (1935); Duke Math. J. 1, 442-448 (1935); 2, 477-484 (1936).
205) I.M. Gel'fand und M.I. Graev, Dokl. Akad. Nauk SSSR 147, 529-532 (1962).
206) C.W. Curtis, J. reine angew. Math. 219, 180-199 (1965).
207) A.E. Sagastume Berra, Univ. nac. La Plata, Publ. Fac. Ci. fis.-mat., Ser. mat. 118, 417-423 (1938).
208) J.A. Todd, J. London Math. Soc. 34, 406-416 (1959).
209) R.G. Stanton, Canad. J. Math. 3, 164-174 (1951).
210) J.S. Frame, Ann. Mat. Pura Appl. (4) 32, 83-119 (1951).
211) W.L. Edge, Proc. Roy. Soc. London Ser. A. 233, 126-146 (1955); 237, 132-147 (1956); J. London Math. Soc. 36, 340-344 (1961).
212) J.A. Todd, Proc. Roy. Soc. London Ser. A. 200, 320-336 (1 plate) (1950).
213) Y. Kawada, Proc. Imp. Acad. Jap. 15, 71-75 (1939).
214) F. Seitz, Z. Kristallographie, Mineralogie, Petrographie A 88, 433-459 (1934); 90, 289-313 (1935); 91, 336-366 (1935); 94, 100-130 (1936); Ann. Math. (2) 37, 17-28 (1936).
215) G. Wintgen, Math. Ann. 118, 195-215 (1941).

C. MODULARE UND GANZZAHLIGE DARSTELLUNGEN

15. *Theorie der modularen Darstellungen.* "Modular" heißen allgemein Darstellungen über Körpern der Charakteristik $p \neq 0$. "Die" p-modularen Darstellungen einer Gruppe G der endlichen Ordnung g sind die Darstellungen über der algebraisch abgeschlossenen Hülle des Primkörpers der Charakteristik p. Die Aufstellung und der Ausbau dieser Theorie ist, nach geringfügigen Anfängen von *Dickson* (1907) - der schon feststellte, daß für $p \nmid g$ alles beim alten bleibt - ganz das Werk von *R. Brauer* und seinen Mitarbeitern seit 1935 [216]. Der in jenem Jahr erschienene Bericht von *van der Waerden* [217] verzeichnet genau den Anfang der Entwicklung: man lese die kurze Bemerkung auf S. 75. Es hat sich gezeigt, daß diese Theorie bedeutend engere und tiefere Zusammenhänge zwischen der Struktur der Gruppe und ihren Darstellungen stiftet als die gewöhnliche Theorie, so daß sich hier ein weites Feld für die Anwendungen der Darstellungstheorie in der Gruppentheorie geöffnet hat (vgl. Nr. 18).

In der Theorie werden die modularen Darstellungen nicht sowohl für sich betrachtet als vielmehr ein Zusammenhang zwischen gewöhnlichen und modularen Darstellungen hergestellt. Wenn die gewöhnlichen Darstellungen - wie bei den symmetrischen Gruppen - ganzzahlig geschrieben werden können, so kann man die irreduziblen Darstellungen mod p nehmen und die so entstehenden p-modularen Darstellungen - so erklärt sich der Name - weiter untersuchen. Im allgemeinen Fall geht man so vor. K sei ein algebraischer Zahlkörper, in dem die gewöhnlichen irreduziblen Darstellungen geschrieben werden können (Nr. 9), R der Ring der ganzen algebraischen Zahlen aus K. Wenn die gewöhnlichen Darstellungen auch in R geschrieben werden können, sei P ein Primideal in R, p die darin enthaltene einzige rationale Primzahl. Dann ist $\bar{K} = R/P$ Körper der Charakteristik p, und jeder Matrixdarstellung $D(s)$ über K wird durch Übergang zu einer K-äquivalenten

216) R. Brauer, (1) Actualités Sci. Ind. 195, 15 S. (1935); (2) Proc. Nat. Acad. Sci. USA 25, 252-258 (1939); (3) Proc. Nat. Acad. Sci. USA 25, 290-295 (1939); (4) Ann. Math. (2) 42, 53-61 (1941); (5) Trans. Amer. Math. Soc. 49, 502-548 (1941); (6) Ann. Math. (2) 42, 926-935 (1941); (7) Ann. Math. (2) 42, 936-958 (1941); (8) Proc. Nat. Acad. Sci. USA 30, 109-114 (1944); (9) Proc. Nat. Acad. Sci. USA 32, 182-186 (1946); (10) Proc. Nat. Acad. Sci. USA 32, 215-219 (1946); (11) Math. Z. 63, 406-444 (1956); (12) Math. Z. 72, 25-46 (1959); (13) Proc. Nat. Acad. Sci. USA 47, 1888-1890 (1961); (14) J. Algebra 1, 152-167, 307-334 (1964);
R. Brauer und C. Nesbitt, (1) Univ. Toronto studies, Math. ser. No. 4, 21 S. (1937 (2) Proc. Nat. Acad. Sci. USA 23, 236-240 (1937); (3) Ann. Math. (2) 42, 556-590 (1941).
R. Brauer und W. Feit, (1) Proc. Nat. Acad. Sci. USA 45, 361-365 (1959);
M. Osima, (1) Math. J. Okayama Univ. 4, 175-188 (1955);
K. Iizuka, (1) Kumamoto J. Sci. Ser. A. 2, 309-321 (1956);
T. Nakayama, (1) loc. cit. [94];
H. Nagao, Osaka Math. J. 3, 11-20 (1951);
W. Specht, (1) J. reine angew. Math. 182, 242-248 (1940);
W. F. Reynolds, Proceedings of Symposia in Pure Mathematics Vol. VI, 71-87 (1962);
Berichte über die Theorie: Specht, Reynolds. Neue und kurze Beweise einiger Hauptresultate bei Roquette loc. cit. [49]. Die soeben zitierten Arbeiten werden im folgenden mit den Nummern zitiert, die sie hier tragen.
217) loc. cit. [1].

$D_1(s)$ mit Matrixelementen aus R und $\bar{D}(s) = \overline{D_1(s)}$, wo der Querstrich rechts die Restklassenbildung mod P bedeutet, eine Darstellung $\bar{D}(s)$ über $\bar{K}$ zugeordnet. Können die gewöhnlichen Darstellungen nicht in R geschrieben werden, so betrachtet man den zur (additiven und durch $\nu(p) = 1$ normierten) P-adischen Bewertung von K gehörigen Bewertungsring R_P der *für P ganzen* Zahlen. Da R_P Hauptidealring mit Quotientenkörper K ist, können nach einem bekannten Satz die gewöhnlichen Darstellungen immer in R_P geschrieben werden. Ist P^* das maximale Ideal in R_P, so ist $R_P/P^* \cong R/P = \bar{K}$, und durch dasselbe Verfahren wie oben erhält man zu $D(s)$ eine Darstellung $\bar{D}(s)$ über $\bar{K}$. $\bar{D}$ ist nicht (bis auf $\bar{K}$-Äquivalenz) eindeutig bestimmt, aber zwei in dieser Weise D zugeordnete Darstellungen über $\bar{K}$ haben nach *Brauer* und *Nesbitt* (1) dieselben irreduziblen Bestandteile. Da wir K als Zerfällungskörper für G vorausgesetzt haben, ist $\bar{K}$ dies auch.

Wenn $p \mid g$ - das ist der Fall, der uns hier interessiert - , gilt der Satz von der vollen Reduziblität nicht, und der Gruppenring ist nicht halbeinfach. (Einzelne Resultate über den Gruppenring $\bar{K}G$ und sein Radikal rad $\bar{K}G$ werden weiter unten referiert.) Man hat also die irreduziblen und die unzerfällbaren Bestandteile der regulären Darstellung zu unterscheiden. Jede irreduzible Darstellung kommt in der regulären vor, aber i. allg. nicht jede unzerfällbare; die Darstellungsmoduln, die zu den unzerfällbaren Bestandteilen der regulären Darstellung gehören, heißen die *unzerfällbaren Hauptmoduln*. Im folgenden sind mit großen lateinischen Buchstaben i. allg. Darstellungs*moduln* gemeint, aber nach Bedarf auch eine zugehörige Matrixdarstellung: D und $D(s)$. *Es besteht eine eineindeutige Zuordnung der irreduziblen Bestandteile* $F_1, \ldots, F_r$ *und der unzerfällbaren Bestandteile* $U_1, \ldots, U_r$ *der regulären Darstellung.* Stellt man nämlich der regulären oder genauer "linksregulären" Darstellung auch noch die "rechtsreguläre" gegenüber, vermittelt durch die Rechtsmultiplikationen im Gruppenring, die man noch transponiert, so erweisen sich diese beiden (bekanntlich keineswegs bei allen Algebren, aber bei den Gruppenringen) als äquivalent und stellen zudem zwei vertauschbare Matrixalgebren dar; daraus folgt nicht nur die Behauptung, sondern darüber hinaus (wenn die Indizes der Zuordnung entsprechend gewählt sind, was wir im folgenden stets annehmen), daß der Grad f_k von F_k zugleich die Vielfachheit ist, mit der U_k vorkommt, umgekehrt der Grad u_k von U_k gleich die Vielfachheit von F_k (*Brauer* (1)). Ist

$$\bar{K}G = \bar{K}G\epsilon_1 \oplus \ldots \oplus \bar{K}G\epsilon_m \tag{15.1}$$

die Zerlegung des Gruppenrings in seine unzerfällbaren Haupt-Untermoduln (die an die Stelle der Zerlegung in minimale Linksideale im Fall der Halbeinfachheit tritt; die ϵ_i sind erzeugende Idempotente), so kommt U_k unter den Summanden in (15.1) f_k-mal vor, und wenn z. B. $U_k = \bar{K}G\epsilon_i$, so ist $F_k = (\bar{K}G\epsilon_i)/([\text{rad}\,\bar{K}G]\epsilon_i)$. Reduziert man U_k aus, so daß in der Hauptdiagonale irreduzible Kästchen und über ihr Nullkästchen stehen, so steht notwendig ganz unten rechts F_k (*Brauer* und *Nesbitt* (2), dazu *Nesbitt* [218]); Verallgemeinerungen *Brauer* (2) und (5)).

Nun seien $Z_1, \ldots, Z_s$ die gewöhnlichen irreduziblen Darstellungen, und

218) C. Nesbitt, Ann. Math. (2) 39, 634-658 (1938).

d_{ik} sei die Vielfachheit von F_k in $\bar{Z}_i$; $D = (d_{ik})$ heißt die *Zerlegungsmatrix*. Außerdem sei c_{ik} die Vielfachheit von F_k in U_i; die c_{ik} sind die *Cartan-Invarianten* der Gruppenalgebra. $\bar{Z}_i$ kommt zugleich d_{ij}-mal in U_j vor (das soll heißen, daß die irreduziblen Bestandteile von $\sum_i d_{ij}\bar{Z}_i$ und von U_j übereinstimmen), für die Matrix C der Cartan-Invarianten gilt also $C = D^t D$, wo D^t die Transponierte von D bedeutet (*Brauer* und *Nesbitt* (1) und (3), *Nakayama* (1)).

Brauer und *Nesbitt* (5) haben *Charaktere* für die modularen Darstellungen eingeführt, die komplexe Zahlen sind. Ich schließe mich der Nomenklatur von *Curtis* und *Reiner* in ihrem Buch an, die einen solchen Charakter *Brauercharakter* nennen, während das Wort Charakter schlechthin wie immer die Spuren der Darstellungsmatrizen bezeichnet. Zwei von diesen (modularen) Charakteren sind gleich, sobald sie für alle *p-regulären* Elemente übereinstimmen, das sind die Elemente, deren Ordnung prim zu p ist. Jedes Gruppenelement s ist ja eindeutig als Produkt eines p-regulären und eines *p-singulären* Elements (Ordnung eine p-Potenz) darstellbar, die vertauschbar sind; und der Charakter hat für jedes Element s denselben Wert wie für seine p-reguläre Komponente. Sei nun X eine Darstellung über $\bar{K}$, $\bar{\chi}$ ihr Charakter; dann wird der zugehörige Brauercharakter, der nur für p-reguläre Elemente erklärt wird, folgendermaßen eingeführt. m sei das kgV der Ordnungen der p-regulären Elemente von G, $\tilde{K} = K(\sqrt[m]{1})$, $\tilde{R}$ der Ring der ganzen algebraischen Zahlen aus $\tilde{K}$, $\tilde{P} \supset P$ ein Primideal in $\tilde{R}$. Bedeutet der Querstrich Restklassenbildung nach $\tilde{P}$ und ist δ primitive m-te Einheitswurzel über K, so ist $\bar{\delta}$ primitive m-te Einheitswurzel über $\bar{K}$ und $\tilde{R}/\tilde{P} \cong \bar{K}(\bar{\delta}) = \bar{K}(\sqrt[m]{\bar{1}})$. $\delta^a \leftrightarrow \bar{\delta}^a$ ist Isomorphismus zwischen den multiplikativen Gruppen der Einheitswurzeln. Nun kann jeder Wert $\bar{\chi} = \bar{\delta}^{a_1} + \ldots + \bar{\delta}^{a_n}$ geschrieben werden; dann ist $\chi = \delta^{a_1} + \ldots + \delta^{a_n} \in \tilde{R}$ der zugehörige Wert des Brauercharakters. Es gilt der Satz, daß *zwei modulare Darstellungen genau dann dieselben irreduziblen Bestandteile haben, wenn ihre Brauercharaktere übereinstimmen*.

Es zeigt sich, daß die Tafel der Brauercharaktere wieder quadratisch ausfällt (*Brauer* (1)): *Die Anzahl der nicht äquivalenten irreduziblen p-modularen Darstellungen ist gleich der Anzahl der p-regulären Klassen*, d.h. der Klassen aus p-regulären Elementen. Den Anzahlsatz für die irreduziblen Darstellungen über einem ganz beliebigen Körper, er heiße für den Augenblick K, dessen Charakteristik die Gruppenordnung teilt, verdankt man wieder *Berman*: man bilde K-Klassen in G wie in Nr. 9, dann ist die fragliche Anzahl gleich der der p-regulären K-Klassen.[219)]

Orthogonalitätsrelationen. Ist ζ^i der Charakter von Z_i und sind η^i und φ^i die Brauercharaktere von U_i und F_i, ferner z_i, u_i und f_i die entsprechenden Grade, so ist natürlich $\zeta^i = \sum_k d_{ik}\varphi^k$ und $\eta^i = \sum_k c_{ik}\varphi^k = \sum_k d_{ki}\zeta^k$, und für die Grade gelten entsprechende Formeln, aus denen noch $\sum_{i,k} c_{ik} f_i f_k =$

219) S.D. Berman, Dokl. Akad. Nauk SSSR (N.S.) 106, 767-769 (1956); I. Reiner, Proc. Amer. Math. Soc. 15, 810-812 (1964).

$\sum_i f_i u_i = g$ folgt. Die Orthogonalitätsrelationen für die Brauercharaktere (*Brauer-Nesbitt* (1)) lauten

$$\sum_j g_j \varphi_j^i \eta_{j'}^k = g\delta_{ik} ,$$

$$\sum_j g_j \varphi_j^i \varphi_{j'}^k = g\gamma_{ik} \qquad ((\gamma_{ik}) = C^{-1}) ,$$

$$\sum_j g_j \eta_j^i \eta_{j'}^k = gc_{ik} .$$

Dabei ist g_j die Ordnung der j-ten p-regulären Klasse, j' die Nummer der zur j-ten inversen Klasse. Man kann diesen Relationen für die Zeilen auch wieder solche für die Spalten der Tafeln beigesellen.

Mit gewissen Klassenfunktionen, die mit den Brauercharakteren eng zusammenhängen (und auch bei Brauer schon vorkommen), beschäftigt sich *Reynolds* [220]. Sie sind für alle Gruppenelemente definiert, ihre Anzahl ist gleich der der gewöhnlichen Charaktere, mit denen sie durch gewisse komplexe Zerlegungszahlen zusammenhängen, und es gelten Orthogonalitätsrelationen.

Wie gesagt, ist der *Gruppenring* über einem Körper, dessen Charakteristik p die Gruppenordnung teilt, nicht halbeinfach. Ist G z. B. eine p-Gruppe, so besteht das Radikal R des Gruppenrings aus den Elementen $\sum_s \alpha(s)\, s$ mit $\sum_s \alpha(s) = 0$, ist also vom Rang g-1 (*Jennings* [221]), eine Eigenschaft, die nur p-Gruppen haben (*Losey* [222]). Im allgemeinen Fall betrachtet *Lombardo-Radice* [223] den Durchschnitt R' der von den Radikalen der Gruppenringe der p-Sylow-Untergruppen von G in $\bar{K}G$ erzeugten Linksideale und stellt $R' \subsetneqq R$ fest. Er und *Deskins* [224] (vgl. auch *Berman* [225]) geben eine Reihe von Fällen an, wo $R' = R$, *Lombardo-Radice* [226] aber auch solche, wo $R' \subset R$. *Brauer* und *Nesbitt* (3) bewiesen, daß der Rang des Radikals allgemein $\leq g(1 - \frac{1}{u_1})$ ist (wenn U_1 die zur Einsdarstellung gehörige unzerfällbare Hauptdarstellung ist), und *Wallace* [227], daß hier das Gleichheitszeichen genau dann gilt, wenn die p-Sylow-Untergruppe von G Normalteiler ist. Wallace gab auch eine untere Abschätzung für den Rang des Radikals ($\geq p^a$-1,

220) W. F. Reynolds, Trans. Amer. Math. Soc. 119, 333-351 (1965).
221) S. A. Jennings, Trans. Amer. Math. Soc. 50, 175-185 (1941).
222) G. Losey, Michigan Math. J. 7, 237-240 (1960).
223) L. Lombardo-Radice, Rend. Sem. Mat. Univ. Roma (4) 2, 312-322 (1938); 3, 239-256 (1939); Atti Accad. Naz. Lincei. Rend. Cl. Sci. Fis. Mat. Nat. (8) 2, 170-174 (1947).
224) W. E. Deskins, Pacific J. Math. 8, 693-697 (1958).
225) S. D. Berman, Dopovidi Akad. Nauk Ukrain. RSR 1960, 586-589.
226) L. Lombardo-Radice, Atti Accad. Naz. Lincei. Rend. Cl. Sci. Fis. Mat. Nat. (8) 4, 53-54 (1948).
227) D. A. R. Wallace, Proc. Cambridge Philos. Soc. 54, 128-130 (1958); Proc. Amer. Math. Soc. 12, 133-137 (1961).

wenn $g = g'p^a$, $(g',p) = 1)$ und bestimmte wieder die Gruppen, bei denen der Grenzfall eintritt. *Wallace* [228] gab ferner an, wann das Radikal im Zentrum des Gruppenrings enthalten ist und wann $R^2 = 0$ ist. Schon 1939 hat *Brummund* [229] eine Reihe von Sätzen über den Gruppenring für gewisse Klassen von Gruppen bewiesen. G_p sei immer eine p-Sylow-Untergruppe von G. Wenn G_p Normalteiler ist, so gilt $(\bar{K}G)/(\mathrm{rad}\,\bar{K}G) \cong \bar{K}(G/G_p)$. Bei *abelschem* G ist $\bar{K}G$ primär zerlegbar (direkte Summe primärer zweiseitiger Ideale), und $\bar{K}G$ ist *einreihig* (d. h. primär zerlegbar und jeder unzerfällbare Summand der Zerlegung in linke oder rechte Ideale besitzt nur eine Kompositionsreihe) genau wenn G_p zyklisch ist. Ist G p-Gruppe, so ist $\bar{K}G$ vollständig primär, und $\bar{K}G$ ist dann einreihig genau wenn G zyklisch ist. Bei beliebigem G ist nach *Osima* [230] für die primäre Zerlegbarkeit des Gruppenrings notwendig und hinreichend, daß G einen Normalteiler vom Index p^a besitzt $(g = g'p^a$, $(g',p) = 1)$, und für Einreihigkeit, daß zusätzlich G_p zyklisch ist. Verallgemeinerungen: *Morita* [231].

Blöcke. Eine der wichtigsten Erscheinungen in der modularen Theorie ist die Tatsache, daß die gewöhnlichen irreduziblen Darstellungen, die unzerfällbaren Bestandteile der regulären Darstellung und die modularen irreduziblen Darstellungen in eine Anzahl von Klassen zerfallen, die *Brauer* und *Nesbitt* (1) entdeckt und *Blöcke* genannt haben. Man betrachte die eindeutig bestimmte Zerlegung

$$\bar{K}G = B_1 \oplus \ldots \oplus B_t \tag{15.2}$$

in unzerfällbare zweiseitige Ideale, das Analogon der Zerlegung in die einfachen zweiseitigen Ideale im halbeinfachen Fall. Ihr entspricht eine Zerlegung $1 = \delta_1 + \ldots + \delta_t$ der Eins in orthogonale im Zentrum gelegene Idempotente $(\delta_i \in B_i,\ B_i = \bar{K}G\delta_i)$. Für $i \neq k$ haben B_i und B_k keinen irreduziblen Bestandteil gemein, F_j gehört also zu genau einem B_i. Wir schreiben dann $F_j \in B_i$, bezeichnen also mit B_i zugleich eine Menge von Darstellungen. Jedes B_i in (15.2) ist direkte Summe von einigen Summanden der Zerlegung (15.1), und zwar gehören U_i und U_k zum gleichen Block genau wenn sie durch eine Kette $U_{0'} = U_i,\ U_{1'}, \ldots,\ U_{h'} = U_k$ so verbunden werden können, daß $U_{(j-1)'}$ und $U_{j'}$ für $j=1, \ldots, h$ jeweils einen irreduziblen Bestandteil gemein haben. Diese Eigenschaft erlaubt es, allein aus der Kenntnis der Kompositionsfaktoren der U_i, also der Zahlen c_{ik}, die Blöcke zu bestimmen. Es gehören dann bei unserer Numerierung jeweils F_i und U_i zum gleichen Block. Schließlich gehören auch alle irreduziblen Bestandteile von $\bar{Z}_i$ zum gleichen Block B_j, und man sagt: Z_i gehört zu B_j. Man kann diese Zugehörigkeit auch durch lineare Charaktere des *Zentrums* $\bar{L}$ von $\bar{K}G$ beschreiben. Es ist

$$\bar{L} = \bar{L}\delta_1 + \ldots + \bar{L}\delta_t$$

228) D.A.R. Wallace, Proc. Glasgow Math. Assoc. 5, 103-108 (1962); 5, 158-159 (1962); 7, 1-8 (1965).
229) H. Brummund, Dissertation. Münster 1939, 25 S.
230) M. Osima, Proc. Phys.-Math. Soc. Japan (3) 24, 1-9 (1942).
231) K. Morita, Sci. Rep. Tokyo Bunrika Daigaku. Sect. A. 4, 177-194 (1951).

und $(\bar{L}\delta_j)/([\mathrm{rad}\,\bar{L}]\delta_j) \cong \bar{K}$. Der natürliche Homomorphismus ψ_j: $\bar{L}\delta_j \to (\bar{L}\delta_j)/([\mathrm{rad}\,\bar{L}]\delta_j)$, ergänzt durch die Definition $\psi_j = 0$ auf $\bar{L}\delta_k$ $(k \neq j)$, ist ein linearer Charakter von $\bar{L}$, und $\psi_1, \ldots, \psi_t$ bilden das vollständige System der linearen Charaktere. Natürlich ist $\psi_i(\delta_j) = \begin{cases} \bar{1} & (i = j) \\ 0 & (i \neq j) \end{cases}$. Andererseits bilden die *Klassensummen* $C_1, \ldots, C_s$ eine $\bar{K}$-Basis von $\bar{L}$, es ist $Z_i(C_k) = \omega_i(C_k)E_{z_i}$, und wenn man Restklassen nimmt, definieren die $\bar{\omega}_i$ ebenfalls lineare Charaktere von $\bar{L}$, und es ist $Z_i \in B_j$ genau wenn $\bar{\omega}_i(\delta_j) = \bar{1}$ (dann ist $\bar{\omega}_i = \psi_j$). Es gehören also Z_i und Z_k genau dann zum gleichen Block, wenn $\bar{\omega}_i = \bar{\omega}_k$. Der in Nr. 6 erwähnte Zusammenhang - die Zahlen ω sind nichts Anderes als die am Ende von Nr. 5 eingeführten Zahlen η - erlaubt es die $\bar{\omega}_i$ aus den gewöhnlichen Charakteren zu berechnen.

Aus dem Vorstehenden folgt sofort, daß bei richtiger Numerierung aller Z_i, U_i und F_i nach den Blöcken die Zerlegungsmatrix D und die Matrix C der Cartan-Invarianten aus Kästchen D_j bzw. C_j längs der Hauptdiagonalen, die zu den B_j gehören, und außerhalb dieser Kästchen aus Nullen bestehen.

Lombardo-Radice [232] bewies, daß die Differenz zwischen dem Rang von rad $\bar{L}$ und der Anzahl der nicht p-regulären Klassen gleich der Differenz zwischen der Anzahl der irreduziblen modularen Darstellungen und der Anzahl der Blöcke ist - was man auch aus dem Obigen unmittelbar folgern kann. Einen Anzahlsatz für die Blöcke bewiesen *Berman* und *Bovdi* [233], allerdings unter einer einschränkenden Voraussetzung für G. G besitze einen Normalteiler H, dessen p-Sylow-Untergruppe Normalteiler in H ist. Ist dann T der maximale Normalteiler in G von zu p teilerfremder Ordnung, so ist die Anzahl der Summanden in (15.2), also die Anzahl der Blöcke, gleich der Anzahl der $\bar{K}$-Klassen, die in T liegen, und zwei gewöhnliche Charaktere gehören zum selben Block genau wenn sie in T denselben Charakter subduzieren.

Nach *Green* [234] kann man auch jede unzerfällbare Darstellung U über $\bar{K}$, die nicht in der regulären vorkommt, einem der Blöcke zuordnen. Weil die Klassensumme C_k im Zentrum liegt, haben die Eigenwerte der Matrix $U(C_k)$ alle den gleichen Wert $\bar{\omega}(C_k) \in \bar{K}$, der mit einem der linearen Charaktere ψ_j übereinstimmen muß. Dann gehört U zu B_j, und diese Definition stimmt, wenn U Hauptmodul ist, mit der früheren überein.

Verfeinerung der Orthogonalitätsrelationen - für die gewöhnlichen Charaktere - nach den Blöcken wurden von *Brauer* ((10), (12)), *Osima* [235] und *Iizuka* [236] hergeleitet. Verallgemeinerungen: *Iizuka* [237], *Iizuka* und *Nakayama* [238].

232) L. Lombardo-Radice, Atti Accad. Naz. Lincei. Rend. Cl. Sci. Fis. Mat. Nat. (8) 2, 766-767 (1947); Univ. Roma. Ist. Naz. Alta Mat. Rend. Mat. e Appl. (5) 7, 169-183 (1948).

233) S.D. Berman und A.A. Bovdi, Dopovidi Akad. Nauk Ukrain. RSR 1958, 606-608.

234) J.A. Green, Math. Z. 70, 430-445 (1959).

235) M. Osima, Proc. Japan Acad. 36, 18-21 (1960).

236) K. Iizuka, Math. Z. 75, 299-304 (1960/61).

237) K. Iizuka, Kumamoto J. Sci. Ser. A 5, 53-62 (1960); 5, 111-118 (1961).

238) loc. cit. [41].

Defekte. Es sei die Gruppenordnung $g = p^e g'$, $p \nmid g'$, also $\nu(g) = e$ für die eingeführte Bewertung. Der *Defekt* d_j eines Blockes B_j wird durch

$$d_j = e - \min_{Z_i \in B_j} \nu(z_i)$$

definiert, wo z_i wie immer den Grad der gewöhnlichen irreduziblen Darstellung Z_i bedeutet. Die Grade aller $Z_i \in B_j$ sind also durch p^{e-d_j}, aber mindestens einer von ihnen ist nicht durch p^{e-d_j+1} teilbar. Es stellt sich heraus, daß auch

$$d_j = e - \min_{F_i \in B_j} \nu(f_i)$$

gilt.

Der *Defekt einer Klasse* C_i *von konjugierten Elementen* ist $h_i = \nu(n_i)$, wo n_i die Ordnung des Normalisators $N(s_i)$ eines Elements $s_i \in C_i$ ist. Da die Ordnung von C_i den Wert $g_i = g/n_i$ hat, gilt $\nu(g_i) = e - h_i$.

Für den Zusammenhang zwischen Block- und Klassendefekten gilt, daß die Anzahl der Blöcke vom Defekt d höchstens so groß ist wie die Anzahl der p-regulären Klassen vom Defekt $\geq d$. Die Anzahl der Blöcke vom Defekt e ist genau gleich der Anzahl der p-regulären Klassen vom Defekt e (*Brauer-Nesbitt* (3)).

Am einfachsten liegen die Dinge bei den *Blöcken vom Defekt* 0 ("Blöcken der höchsten Art"): Ist $d_j = 0$, so gibt es in B_j ein einziges Z_i, U_i und F_i, $\bar{Z}_i = F_i = U_i$. Bezeichnet x_j die Anzahl der gewöhnlichen, y_j die Anzahl der modularen irreduziblen Darstellungen in B_j, so ist also in diesem Fall $x_j = y_j = 1$. Für andere Blöcke ist stets $x_j > y_j$ (≥ 1) (*Brauer-Nesbitt* (3)).

Die letzte Aussage läßt sich verschärfen, wenn man p-*konjugierte* Charaktere betrachtet (*Brauer* (6)). Wir hatten $\nu(g) = e$ und $g = p^e g'$ gesetzt. Zwei Charaktere ζ_i und ζ_k heißen p-konjugiert, wenn sie durch einen Automorphismus der Galoisgruppe von $Q(\sqrt[g]{1})$ über $Q(\sqrt[g']{1})$ ineinander übergehen (Q Körper der rationalen Zahlen). Dabei bleiben Brauercharaktere fest, so daß konjugierte Charaktere dieselben Brauercharaktere enthalten und im gleichen Block liegen. Ist ein Block B_j nicht von der höchsten Art und enthält er x_j' Familien p-konjugierter Charaktere, so ist $x_j' > y_j$, und jeder Brauercharakter aus B_j kommt in mindestens zwei nichtkonjugierten Charakteren vor.

Für die *Blöcke vom Defekt* 1 ("zweithöchste Art") gilt u. a. (*Brauer* (7)): Jeder Brauercharakter φ gehört zu genau zwei nichtkonjugierten gewöhnlichen Charakteren ζ; jedes ζ enthält ein φ immer nur einmal. Es gibt mindestens zwei nichtkonjugierte ζ, die modular irreduzibel bleiben. Für die Darstellungsgrade z gilt $\nu(z) = e - 1$.

Es besteht ein Zusammenhang zwischen den Defekten und den *Elementarteilern der Cartan-Matrix C*. Diese Elementarteiler sind gerade die Zahlen p^{h_i}, die zu den p-regulären Klassen gehören; insbesondere ist also det C eine Potenz von p (*Brauer* (4)). Ist C_j die Teilmatrix, die zum Block B_j gehört, so ist der größte Elementarteiler von C_j gerade p^{d_j}, und die anderen sind kleiner.

Defektgruppen. Defektgruppe eines Elements s oder auch seiner Klasse C heißt jede p-Sylow-Untergruppe von $N(s)$ (*Osima* (1)); die Defektgruppe hat also die Ordnung p^h, wo h der Defekt von C ist, und ist bis auf Konjugation bestimmt.

Die folgenden Definitionen und Resultate von *Brauer* sind nach Vorbereitungen in (8), (9), (10) (auch *Iizuka* (1)) in (11) endgültig formuliert worden. Eine gewöhnliche irreduzible Darstellung Z_i gehört genau dann zu einem Block vom Defekt d, wenn $\bar{\omega}_i(s) = 0$ für alle s aus Klassen vom Defekt $< d$, aber $\bar{\omega}_i(s) \neq 0$ für wenigstens ein s aus einer p-regulären Klasse vom Defekt d gilt. Ist also B ein Block vom Defekt d und ψ der zugehörige lineare Charakter von $\bar{L}$, so gibt es eine Klasse C vom Defekt d, so daß $\psi(C) \neq 0$. (C bezeichne hier zugleich die Klasse und die Summe ihrer Elemente im Gruppenring.) Eine Defektgruppe D von C heißt dann eine *Defektgruppe des Blocks* B; ihre Ordnung ist p^d. Auch alle Defektgruppen von B stellen sich als konjugiert heraus.

Das Hauptresultat von *Brauer* stiftet einen Zusammenhang zwischen Blöcken von G und Blöcken einer Untergruppe: D sei Untergruppe von G von der Ordnung p^d, $H = N(D)$. Dann besteht eineindeutige Zuordnung zwischen den Blöcken von G mit der Defektgruppe D (ihr Defekt ist d) und den Blöcken B von H vom Defekt d; diese besitzen ebenfalls D als Defektgruppe. Dies erleichtert die Bestimmung der Blöcke von G, da nicht nur H i. allg. von kleinerer Ordnung ist als G, sondern außerdem D Normalteiler in H ist.

Das Brauersche Resultat wurde von *Rosenberg* [239)] auf den Fall eines beliebigen Körpers der Charakteristik p ausgedehnt (in dem also die irreduziblen Darstellungen nicht absolut irreduzibel zu sein brauchen). Weitere Verallgemeinerung bei *Srinivasan* [240)] und *Nesbitt* und *Thrall* [241)].

Itô [242)] stellt eine Zuordnung zwischen den Blöcken von G und denen eines Normalteilers von Primzahlindex her, wobei letztere den gleichen oder um 1 kleineren Defekt haben. Er gibt ferner bei auflösbaren Gruppen notwendige Bedingungen dafür an, daß alle Blöcke den höchsten Defekt e haben, sowie Kriterien für die Existenz von Blöcken vom kleinsten Defekt 0 oder von irgendeinem anderen vorgegebenen Defekt.

Schon im Vorstehenden spielen mehrfach die Beziehungen zwischen Gruppe und Untergruppe eine Rolle; jetzt sei wieder direkt auf die in Nr. 10 entwickelten Begriffe Bezug genommen. *Osima* [243)] beweist ähnlich wie dort für gewöhnliche Darstellungen für modulare: die Anzahl der linear unabhängigen Charaktere von G, die von den irreduziblen Darstellungen einer Untergruppe H induziert werden, ist gleich der Anzahl der p-regulären Klassen von G, die Elemente von H enthalten. Er definiert ferner "H^*-Blöcke" für die unzerfällbaren Hauptdarstellungen U_j: U_j und U_k gehören zum gleichen H^*-Block, wenn sie sich durch eine Kette von U_i verbinden lassen, in der aufeinanderfolgende Glieder bei der Beschränkung auf H (Subduktion)

239) A. Rosenberg, Math. Z. 76, 209-216 (1961).
240) B. Srinivasan, Proc. Cambridge Philos. Soc. 60, 179-182 (1964).
241) C. Nesbitt und R.M. Thrall, Ann. Math. (2) 47, 551-567 (1946).
242) N. Itô, Nagoya Math. J. 2, 17-28 (1951); 3, 31-48 (1951).
243) loc. cit. [105)]; M. Osima, Math. J. Okayama Univ. 10, 61-66 (1960).

einen irreduziblen Bestandteil gemein haben. Mit U_j wird auch das ihm zugeordnete F_j und jedes Z_i, für das F_j in $\bar{Z}_i$ enthalten ist, zu einem Block gerechnet. Dann gilt: Wenn Z_j und Z_k zum gleichen H-Block gehören (Nr. 10), dann gehören sie auch zum gleichen H^*-Block. Vgl. auch *Iizuka* [244].

Das *Reziprozitätsgesetz von Frobenius* überträgt sich nach *Nakayama* (1) so: U_i und F_i haben die gleiche Bedeutung wie immer, V_i und G_i seien entsprechend die unzerfällbaren Hauptdarstellungen und die irreduziblen Darstellungen einer Untergruppe H. Dann stimmen folgende Vielfachheiten überein: F_k in $(V_i)^G$ und G_i in $(U_k)_H$; U_k in $(V_i)^G$ und G_i in $(F_k)_H$; F_k in $(G_i)^G$ und V_i in $(U_k)_H$. Hier sind wieder mit hoch bzw. tief gestellten Indizes die induzierten bzw. subduzierten Darstellungen bezeichnet.

Hier seien auch die wichtigen von *Green* [245] eingeführten Begriffe des Scheitels und der Quelle eines KG-Moduls (kurz: G-Moduls) M erwähnt, die u. a. für die Behandlung der Defektgruppen nutzbar gemacht werden können. Ist H Untergruppe von G, so heißt ein solcher Modul nach *D. G. Higman* [246] *H-projektiv*, wenn es einen H-Modul L gibt, so daß M direkter Summand des induzierten Moduls L^G ist. Jeder G-Modul ist G_p-projektiv, wenn G_p eine p-Sylow-Untergruppe von G ist. Wenn M unzerfällbar ist, gibt es eine bis auf Konjugation eindeutig bestimmte Untergruppe V von G mit der Eigenschaft: M ist V-projektiv, und wenn M H-projektiv für irgendein H, so ist V in einer konjugierten von H enthalten. Dieses V heißt der *Scheitel* von M, und jeder unzerfällbare V-Modul S, für den S^G M als direkten Summanden enthält, heißt *Quelle* von M. Aus dem Obigen folgt, daß V in einer p-Sylow-Untergruppe G_p enthalten, also selbst p-Gruppe ist. Die Dimension von M ist durch die Ordnung von G_p/V teilbar; wenn sie zu p prim ist, folgt $V = G_p$. Ist G p-Gruppe, H Untergruppe und L absolut unzerfällbarer H-Modul, so ist L^G ebenfalls absolut unzerfällbar.

Ist nun B ein Block und D die Defektgruppe von B, dann ist jeder zu B gehörige Modul D-projektiv, und genauer ist zu jedem Scheitel eines Moduls aus B eine konjugierte in D enthalten, und es gibt einen Modul in B, dessen Scheitel gerade D ist. Fortführung dieser Dinge (auch für den Fall von Darstellungen in einem Bewertungsring R_p): *Green* [247]. Hier beweist er z. B., daß die Defektgruppe jedes Blocks Durchschnitt von höchstens 2 p-Sylow-Untergruppen ist.

Abschätzungen für die Anzahl m der gewöhnlichen irreduziblen Darstellungen in einem Block vom Defekt d geben *Brauer* und *Feit* (1). Danach ist $m \leqq \frac{1}{4} p^{2d} + 1$. Ist z_i der Grad von Z_i und $\nu(z_i) = \nu(g) - d + \lambda_i$, so heißt λ_i die *Höhe* von Z_i. Es wurde bereits erwähnt, daß für $d = 0$ und 1 alle Höhen Null sind. Dies gilt auch noch für $d = 2$. Für $d \geqq 2$ ist immer $\lambda_i \leqq d - 2$. Wenn $\lambda_i > 0$ vorkommt, ist $m \leqq \frac{1}{2} p^{2d-2}$. Vielleicht gilt immer $m \leqq p^d$ (hierzu auch: *Nagao* [248]). Dies ist richtig für $d = 0$, 1, 2 und immer wenn die

244) K. Iizuka, Proc. Japan Acad. 36, 392-396 (1960).
245) loc. cit. [234].
246) loc. cit. [8].
247) J.A. Green, Math. Z. 79, 100-115 (1962).
248) H. Nagao, J. Math. Osaka City Univ. 13, 35-38 (1962).

Defektgruppe des Blocks zyklisch ist. Für $d > 2$ konnte allgemein nur $m < p^{2d-2}$ bewiesen werden. Weitere Vermutungen sind, daß auch die Cartanzahlen c_{ik} in einem Block vom Defekt d durch p^d abgeschätzt werden können, ferner daß genau dann alle Charaktere in einem Block die Höhe 0 haben, wenn die Defektgruppe abelsch ist (*Brauer* [249]). Einiges davon konnte *Fong* [250] zunächst für auflösbare, dann allgemeiner für *p-auflösbare* Gruppen beweisen, das sind solche, deren Kompositionsfaktoren alle entweder p-Potenzordnung oder zu p teilerfremde Ordnung besitzen. Er zeigt: wenn die Defektgruppe abelsch ist, haben alle Charaktere die Höhe 0. Das Umgekehrte konnte er für den Fall beweisen, daß G auflösbar und p die größte in g aufgehende Primzahl ist; im allgemeinen Fall nur für den "Hauptblock", der die 1-Darstellung enthält. Eine Verallgemeinerung auf nichtabelsche Defektgruppen D ist die folgende: ist p^c der Index des Zentrums von D in D, so sind alle Höhen $\leqq c$. Weiter beweist Fong, daß in der Tat $c_{ik} \leq p^d$ richtig ist. Ist ferner U_i eine der unzerfällbaren Hauptdarstellungen, u_i ihr Grad, und F_i mit dem Grad f_i die ihr zugeordnete irreduzible Darstellung, so ist immer $\nu(u_i) = \nu(g)$, und der p-freie Teil von f_i stimmt mit dem p-freien Teil von u_i überein. Vgl. hierzu auch *Rukolaǐne* [251]. All dies gilt, wie gesagt, für p-auflösbare Gruppen; ebenso auch der folgende Satz (*Rukolaǐne* [252], *Swan* [253]): Zu jedem modularen irreduziblen Charakter gibt es einen gewöhnlichen, von dem er die Einschränkung auf p-reguläre Elemente ist. *Reynolds* [254] zeigte, wie man in gewissen Fällen das Studium von G auf das einer p-auflösbaren Gruppe reduzieren kann.

Verallgemeinerte Zerlegungszahlen wurden von *Brauer* (12) eingeführt. Mit Hilfe dieser Zahlen, die allerdings keine gewöhnlichen ganzen sondern ganze algebraische Zahlen sind, werden die Zerlegungsformeln der gewöhnlichen Charaktere nach den Brauercharakteren, die nur für p-reguläre Elemente definiert sind, in gewisser Weise auf alle Elemente ausgedehnt. Jedes Element von G kann ja in der Form xy geschrieben werden, wo x von p-Potenzordnung und $y \in N(x)$ p-regulär ist. ζ_i seien die gewöhnlichen Charaktere, φ_j^x die Brauercharaktere von $N(x)$. Dann lauten die neuen Formeln

$$\zeta_i(xy) = \sum_j d_{ij}^x \varphi_j^x(y) .$$

Die d_{ij}^x sind wie die d_{ij} in jeder Spalte nur für einen einzigen Block von Null verschieden, ein Satz, für den *Nagao* [255], *Iizuka* [256] und *Dade* [257] ver-

249) R. Brauer, Proceedings of the international symposium on algebraic number theory. Tokyo 1955, 55-62 (1956).
250) P. Fong, Bull. Amer. Math. Soc. 66, 116-117 (1960); Trans. Amer. Math. Soc. 98, 263-284 (1961); 103, 484-494 (1962); Nagoya Math. J. 22, 1-13 (1963).
251) A.V. Rukolaǐne, Vestnik Leningrad. Univ. 17 no. 19, 41-48 (1962).
252) A.V. Rukolaǐne, Izv. Akad. Nauk SSSR Ser. Mat. 28, 571-582 (1964).
253) R.G. Swan, Topology 2, 85-110 (1963).
254) W.F. Reynolds, Nagoya Math. J. 22, 15-32 (1963).
255) H. Nagao, Nagoya Math. J. 22, 73-77 (1963).
256) loc. cit. [236].
257) E.C. Dade, J. Algebra 2, 299-311 (1965).

einfachte Beweise gegeben haben. Ersetzt man x durch ein zu x konjugiertes Element, so werden die Spalten der Matrix der d_{ij}^{x} nur permutiert; daher genügt es, x ein Vertretersystem der Klassen aus Elementen von p-Potenzordnung durchlaufen zu lassen.

Brauer (13, 14) verallgemeinerte die Zerlegungs- und Cartanzahlen noch etwas weiter und charakterisierte mit Hilfe dieser Begriffsbildungen die möglichen Typen von p-Blöcken vom Defekt d bei gegebenem p^d, von denen es nur eine endliche Anzahl gibt. Er bewies damit weitere Sätze über die Block-Zuordnung. Ist b ein Block einer Untergruppe H von G und gilt $C(T) \subseteqq H$ für den Zentralisator in G der Defektgruppe T von b, so ist der nach Brauers Hauptsatz zugeordnete Block B von G der Hauptblock (der die 1-Darstellung enthält) von G genau wenn b der Hauptblock von H ist. Der Durchschnitt der Kerne der irreduziblen Darstellungen im Hauptblock von G ist der "p-reguläre Kern" von G, d. h. der eindeutig bestimmte maximale Normalteiler von zu p primer Ordnung. Der Durchschnitt der Kerne der modularen irreduziblen Darstellungen im Hauptblock ist der größte den p-regulären Kern umfassenden Normalteiler, in dem dieser p-Potenz-Index besitzt. *Fong* und *Gaschütz* [258] geben eine interessante Methode zur Konstruktion der modularen irreduziblen Darstellungen über $GF(p)$ im Hauptblock für auflösbare Gruppen an.

Eine wichtige Frage ist endlich die nach der Anzahl der unzerfällbaren Darstellungen, die ja nicht alle in der regulären Darstellung vorzukommen brauchen. Im folgenden sei G_p eine p-Sylow-Untergruppe von G und g wie immer die Ordnung von G. *Brummund* [259] bewies, daß genau dann alle unzerfällbaren Darstellungen in der regulären vorkommen, wenn G_p zyklisch ist. Er zeigte ferner, daß eine nichtzyklische p-Gruppe unzerfällbare Darstellungen beliebig hohen Grades besitzt. Das allgemeine Resultat für eine beliebige Gruppe G stammt von *D. G. Higman* [260]: *Wenn G_p zyklisch ist, gibt es nur endlich viele Klassen unzerfällbarer p-modularer Darstellungen; ist G_p nicht zyklisch, so gibt es unzerfällbare Darstellungen von beliebig hohem Grad.* Im ersten Fall hat Higman eine Schranke für die Anzahl gegeben, die *Kasch*, *M.Kneser* und *Kupisch* [261] zu g verbessern konnten. Dies ist, wie sie durch ein Beispiel zeigten, die genaue Schranke. Vgl. zu diesen Fragen auch *Heller* und *Reiner* [262]. *Curtis*, *Jans* und *Yoshii* [263] haben Kriterien verschiedener Art dafür gegeben, daß bei einer Algebra der eine oder der andere der drei möglichen Fälle eintritt: 1) es gibt unzerfällbare Darstellungen beliebig hohen Grades, 2) die Grade dieser Darstellungen sind beschränkt, aber zu einzelnen Gradzahlen kann es unendlich viele geben, 3) es gibt nur endlich viele.

258) P. Fong und W. Gaschütz, J. reine angew. Math. 208, 73-78 (1961).
259) loc. cit. [229].
260) D.G. Higman, Duke Math. J. 21, 377-381 (1954).
261) F. Kasch, M. Kneser und H. Kupisch, Arch. Math. 8, 320-321 (1957).
262) A. Heller und I. Reiner, Illinois J. Math. 5, 314-323 (1961).
263) J.P. Jans, Dissertation. Univ. Michigan, 1954;
T. Yoshii, Proc. Japan Acad. 32, 383-387, 441-445 (1956); Osaka Math. J. 8, 51-105 (1956); 9, 67-85 (1957); C.W. Curtis und J.P. Jans, Trans. Amer. Math. Soc. 114, 122-132 (1965).

16. *Modulare Darstellungen spezieller Gruppen.* Die *symmetrischen Gruppen* sind auch im Hinblick auf modulare Darstellungen am gründlichsten erforscht worden. Erste Aufgabe war die Zusammenfassung der irreduziblen Darstellungen - also der *Young-Diagramme*, s. Nr. 12 - zu Blöcken. *Nakayama* [264] führte zu diesem Zweck den schon in Nr. 12 erwähnten Begriff des *Hakens* und des zugehörigen *Schiefhakens* ein, dazu den des *p-Kerns* (p-core): der p-Kern eines Diagramms entsteht, indem man so lange Schiefhaken der Länge p wegnimmt, bis es nicht mehr geht; er ist unabhängig von der Art dieser Wegnahmen. Nakayama betrachtete zunächst nur den Fall $p \leq n < 2p$, stellte aber sogleich die Vermutung auf, daß sein Resultat allgemeine Gültigkeit besitze: *zwei Young-Diagramme gehören genau dann zum gleichen p-Block, wenn ihre p-Kerne übereinstimmen.* Die Richtigkeit dieser Vermutung wurde 1947 von *Brauer* [265] und *Robinson* [266] bewiesen. Weitere Beweise gaben *Nakayama* und *Osima* [267], *Littlewood* [268], *Osima* [269], *Farahat* [270], *Farahat* und *Higman* [271].

Die nächste Frage ist die nach der Anzahl der gewöhnlichen und der modularen irreduziblen Darstellungen in einem Block und genauer nach dem zum Block gehörigen Kästchen der Zerlegungsmatrix D; und weiter handelt es sich um die Angabe der modularen irreduziblen Darstellungen und der unzerfällbaren Bestandteile der regulären Darstellung und der Zuordnung zwischen den einen und den andern. All dies ist in einer langen Reihe von Arbeiten [272] entwickelt worden, die später ihre Zusammenfassung in dem

264) loc. cit. [138].
265) R. Brauer, Trans. Roy. Soc. Canada Sect. III (3) 41, 11-19 (1947).
266) G. de B. Robinson, Trans. Roy. Soc. Canada Sect. III (3) 41, 20-25 (1947).
267) T. Nakayama und M. Osima, Nagoya Math. J. 2, 111-117 (1951).
268) D.E. Littlewood, Proc. Roy. Soc. London Ser. A. 209, 333-353 (1951).
269) M. Osima, Proc. Japan Acad. 31, 131-134 (1955).
270) H.K. Farahat, Proc. London Math. Soc. (3) 6, 501-517 (1956).
271) H.K. Farahat und G. Higman, Proc. Roy. Soc. London Ser. A. 250, 212-221 (1959).
272) J.H. Chung, Thesis. University of Toronto Library 1950; Canad. J. Math. 3, 309-327 (1951);
H.K. Farahat, Proc. Cambridge Philos. Soc. 48, 737-740 (1952); 49, 157-160 (1953); Proc. London Math. Soc. (3) 4, 303-316 (1954); loc. cit. [270]; Proc. London Math. Soc. (3) 8, 621-630 (1958);
J.S. Frame und G. de B. Robinson, Canad. J. Math. 6, 125-127 (1954);
loc. cit. [13]; Diane Johnson, Thesis. University of Toronto 1958;
A. Kerber, Mitt. Math. Sem. Giessen 68, 80 S. (1966);
T. Kodama und K. Yamamoto, Mem. Fac. Sci. Kyusu Univ. Ser. A. 12, 104-112 (1958);
loc. cit. [268]; H. Nagao, Canad. J. Math. 5, 356-363 (1953);
loc. cit. [267];
M. Osima, (1) Math. J. Okayama Univ. 1, 63-68 (1952); (2) Canad. J. Math. 4, 381-384 (1952); (3) Canad. J. Math. 5, 336-343 (1953); 6, 511-521 (1954); (4) Math. J. Okayama Univ. 4, 39-56 (1954); (5) loc. cit. [269];
G. de B. Robinson, (1) loc. cit. [166] (1); (2) loc. cit. [166] (2); (3) Proc. Nat. Acad. Sci. U.S.A. 37, 694-696 (1951); (4) Canad. J. Math. 4, 373-380 (1952); (5) Proc. Nat. Acad. Sci. U.S.A. 38, 129-133, 424-426 (1952); (6) Canad. J. Math. 6, 486-497 (1954); (7) Canad. J. 7, 391-400 (1955); (8) Canad. J. Math. 16, 191-203 (1964);
G. de B. Robinson und O.E. Taulbee, Proc. Nat. Acad. Sci. U.S.A. 41, 596-598 (1955);
G. de B. Robinson und R.M. Thrall, Michigan Math. J. 2, 157-167 (1955);
R.A. Staal, Canad. J. Math. 2, 79-92 (1950);
O.E. Taulbee, Thesis. Ann Arbor, Michigan 1957. IV+126 S;
R.M. Thrall und C.J. Nesbitt, Ann. Math. (2) 43, 656-670 (1942); loc. cit. [167].

Buch von *G. de B. Robinson* gefunden haben. Es ist hier nicht der Raum, um auch nur andeutungsweise die erforderlichen kombinatorischen Begriffe und Methoden zu schildern, deren Entwicklung man vor allem *Robinson* und *Littlewood* verdankt. Es seien nur kurz einige Resultate angeführt, die eine kurze Angabe zulassen.

Anstelle des Defekts eines Blocks verwendet man zur Charakterisierung besser das *Gewicht* b, das ist die Anzahl der p-Haken, die man von den Diagrammen wegnehmen muß, um den p-Kern zu erhalten. Zwischen Defekt d und Gewicht b besteht die Beziehung $d = b + \nu(b!)$, wo $\nu(x)$ wie in Nr. 15 den Exponenten der in x steckenden p-Potenz bedeutet. Das Gewicht 0 haben die Blöcke von der höchsten Art: hier stimmen Diagramm und p-Kern überein, es gibt *eine* irreduzible Darstellung im Block, die mod p irreduzibel bleibt. Für das Gewicht 1 kann man die Zerlegungsmatrix explizit angeben: es gibt im Block p gewöhnliche Darstellungen (schon *Nakayama* [273] hatte gezeigt, daß man an einen beliebigen Kern für $r = 0, 1, \ldots, p-1$ ein zu einem p-Haken $(p-r, 1^r)$ der "Beinlänge" r gehöriges reguläres Randstück auf genau eine Weise anfügen kann) und $p-1$ modulare irreduzible Darstellungen; der zum Block gehörige Teil der Matrix D hat also p Zeilen und $p-1$ Spalten; seine Gestalt ist

$$\begin{pmatrix} 1 & & & & \\ 1 & 1 & & & \\ & 1 & 1 & & \\ & & \ddots & \ddots & \\ & & & \ddots & \\ & & & 1 & 1 \\ & & & & 1 \end{pmatrix}$$

Nakayama hatte das für $n < 2p$ bewiesen; diese Einschränkung wurde von *Chung* (2) beseitigt. Chung vermutete, daß wie hier auch bei beliebigem Gewicht die Anzahl der gewöhnlichen und modularen irreduziblen Darstellungen in einem Block vom Kern unabhängig ist und in der Tat nur vom Gewicht b abhängt. Dies bewies *Robinson* (5), und dann gab *Osima* (1 und 3) Formeln für diese Anzahlen an: Es sei $m(n)$ die Anzahl der Partitionen von n, also der gewöhnlichen Darstellungen von S_n. Dann ist in einem Block vom Gewicht b

$$l(b) = \sum_{b_1, \ldots, b_p} m(b_1) m(b_2) \ldots m(b_p) \qquad \left(\sum_{i=1}^{p} b_i = b,\ 0 \leqq b_i \leqq b\right)$$

die Anzahl der gewöhnlichen und

$$l^*(b) = \sum_{b_1, \ldots, b_{p-1}} m(b_1) m(b_2) \ldots m(b_{p-1}) \qquad \left(\sum_{i=1}^{p-1} b_i = b,\ 0 \leqq b_i \leqq b\right)$$

273) loc. cit. [138].

die Anzahl der modularen irreduziblen Darstellungen. $l^*(b)$ ist zugleich die Anzahl der "p-regulären" Diagramme im Block, d. h. derjenigen, in denen keine p Zeilen von gleicher Länge vorkommen.

Zusammen mit *Taulbee* (1) und *Diane Johnson* (1) hat *Robinson* (s. sein Buch) die Theorie bis zur Angabe gewisser Vorschriften für die Konstruktion der Matrix D bei beliebigem Gewicht und der unzerfällbaren Hauptdarstellungen (unzerfällbaren Bestandteile der regulären Darstellung) und der modularen irreduziblen Darstellungen vorangetrieben. *Littlewood* (1) hatte hierfür zuerst Methoden entwickelt und die unzerfällbaren Hauptcharaktere von S_7 bei $p=3$ angegeben, *Chung* (1) die meisten von S_n bis zu $n=13$ für $p = 2, 3, 5$. In Robinsons Buch findet man die Zerlegungsmatrizen D für $p = 2$ und 3 bis $n = 10$ und für $p = 5$ die D-Matrix des Blockes vom Gewicht 2 bei S_{10}; Verbesserungen bei *Robinson* (11) und bei *Kerber* (1). Kerber beschäftigt sich auch mit den verallgemeinerten Zerlegungszahlen (Nr. 15) und führt ihre Berechnung auf die der gewöhnlichen Zerlegungszahlen von symmetrischen Gruppen niedrigeren Grades zurück; er gibt sie für $p = 2$, $n \leqq 9$ an.

Thrall [274] hat auch eine Theorie der modularen Tensoren aufgestellt, also einiges von den klassischen Resultaten über den Zusammenhang zwischen symmetrischen und allgemeinen linearen Gruppen (Nr. 13) übertragen.

Bei der *alternierenden Gruppe* A_n wurde die Blockstruktur von *Puttaswamaiah* [275] bestimmt. Man muß unterscheiden, ob das Diagramm selbst schon p-Kern ist oder die Wegnahme von p-Haken erlaubt. Im ersteren Fall (Gewicht 0 bei der S_n) bildet jede irreduzible Darstellung von A_n (also die auf A_n subduzierte von S_n, falls diese nicht selbstassoziiert ist, oder andernfalls jeder der beiden irreduziblen Bestandteile) einen Block für sich. Ist das Diagramm nicht zugleich der Kern, so gehören zwei Darstellungen der A_n genau dann zum gleichen Block, wenn ihre p-Kerne gleich oder assoziiert sind (d. h. durch Spiegelung an der Diagonale auseinander hervorgehen). *Puttaswamaiah* und *Robinson* [276] geben die Zerlegungsmatrizen für $p = 2$ und 3 bis $n = 8$ an. *Kerber* (1) gibt die verallgemeinerten Zerlegungszahlen für $p = 2$ und 3, $n \leqq 7$ an und führt in Spezialfällen für $p \neq 2$ deren Berechnung auf die der gewöhnlichen Zerlegungszahlen von alternierenden Gruppen niedrigeren Grades zurück.

"Verallgemeinerte symmetrische Gruppe" $S(n,m)$ nennt *Osima* [277] den Zentralisator eines Elements aus n Zyklen der Länge m in einer symmetrischen Gruppe S_{nm}. Er gibt viele Resultate über gewöhnliche und modulare irreduzible Darstellungen, Blockstruktur, Zerlegungszahlen und Defektgruppen, die auch für die Theorie der gewöhnlichen symmetrischen Gruppe von Nutzen sind. Übertragung auf die alternierende Gruppe: *Puttaswamaiah* [278], *Kerber* (1).

274) R.M. Thrall, Ann. Math. (2) 43, 671-684 (1942); 45, 639-657 (1944).
275) loc. cit. [147] (1).
276) loc. cit. [147] (2).
277) loc. cit. [229] (4).
278) loc. cit. [147] (1).

Brauer und *Nesbitt* [279] haben für $SL(2,p^k)$, $GL(2,p^k)$ und $PSL(2,p^k)$ die p-modularen irreduziblen Darstellungen angegeben, für $PSL(2,p)$ auch die Zerlegungszahlen und Cartaninvarianten. Entsprechendes für $GL(3,p)$, $SL(3,p)$ und $PSL(3,p)$ findet man bei *Mark* [280]. *Srinivasan* [281] bestimmt die Charaktere der Haupt-Unzerfällbaren von $SL(2,p^k)$. Eine 3-modulare Darstellung der Mathieugruppe M_{12} findet sich bei *Garbe* und *Mennicke* [282]. *Basev* [283] bestimmt alle unzerfällbaren Darstellungen der elementar-abelschen Gruppe (2,2) über einem algebraisch abgeschlossenen Körper der Charakteristik 2. *Krugljak* [284] beschäftigt sich mit den Darstellungen von (p,p) über einem Körper der Charakteristik p.

17. *Ganzzahlige Darstellungen*. In allen vorangehenden Abschnitten sind Darstellungen über einem Körper betrachtet worden, getreu der in Nr. 1 gegebenen Definition. Schwierigkeiten ganz neuer Art treten auf, wenn man vom zugrundegelegten Zahlbereich nur noch die Ringeigenschaft voraussetzt. Wir kommen damit zum Hauptforschungsgebiet der neuesten Zeit. Es erweist sich als zweckmäßig, einen *Dedekindbereich* zu nehmen, also einen Integritätsbereich R, der 1) ein *Noether*scher Ring ist, d. h. mit aufsteigender Kettenbedingung für Ideale, in dem 2) jedes Primideal maximal ist, und der 3) in seinem Quotientenkörper ganz-abgeschlossen ist. Hierunter fallen als wichtige Spezialfälle die Bewertungsringe in diskret bewerteten Körpern, die Hauptidealbereiche und die der sämtlichen ganz-algebraischen Zahlen in algebraischen Zahlkörpern; unter den beiden letztgenannten Fällen kommt der Ring Z der ganzen rationalen Zahlen mit dem Körper Q der rationalen Zahlen als Quotientenkörper vor, mit dem hier der Anfang gemacht werde. Die Ausdehnung der im Folgenden zuerst einzuführenden Definitionen auf die allgemeineren Fälle liegt auf der Hand. Ein R-Darstellungsmodul soll immer ein RG-Linksmodul mit endlicher R-Basis sein, zu dem daher in gewohnter Weise eine Matrixdarstellung gehört.

Z-Darstellungen wurden zuerst von *Diederichsen* [285] untersucht. Man hat Q-Äquivalenz (Transformation mit einer nichtsingulären Matrix über Q) und Z-Äquivalenz (Transformation mit einer invertierbaren Matrix über Z) zu unterscheiden. Es ist lange bekannt, daß es in jeder Q-Äquivalenzklasse von Q-Darstellungen eine Z-Darstellung gibt (ein Satz, der allgemeiner für einen Hauptidealbereich R und seinen Quotientenkörper K gilt); die Z-Darstellung braucht aber nicht (bis auf Z-Äquivalenz) eindeutig bestimmt zu sein. Man hat weiter Q-Zerfällbarkeit und Z-Zerfällbarkeit, Q-Reduzibilität und Z-Reduzibilität zu unterscheiden. Nach *Zassenhaus* [286] ist eine Z-Darstellung Z-reduzibel genau wenn sie Q-reduzibel ist. (Dieser Satz gilt

279) loc. cit. [216] (3).
280) J.C. Mark, Thesis. Toronto 1939.
281) B. Srinivasan, Proc. London Math. Soc. (3) 14, 101-114 (1964).
282) D. Garbe und J. L. Mennicke, Canad. Math. Bull. 7, 201-212 (1964).
283) V.A. Bašev, Dokl. Akad. Nauk SSSR 141, 1015-1028 (1961).
284) S.A. Krugljak, Dokl. Akad. Nauk SSSR 153, 1253-1256 (1963).
285) F.-E. Diederichsen, Abh. Math. Sem. Univ. Hamburg 13, 357-412 (1940).
286) H. Zassenhaus, Abh. Math. Sem. Univ. Hamburg 12, 276-288 (1938).

allgemein für einen Dedekindbereich R und seinen Quotientenkörper K.)
Für ZG-Moduln gilt jedoch weder der Satz von *Jordan-Hölder* noch der von *Krull-Schmidt*: weder die irreduziblen Bestandteile, die man besser Z-Kompositionsfaktoren nennt, noch die unzerfällbaren Bestandteile einer Z-Darstellung sind eindeutig und bis auf die Reihenfolge bestimmt. *Diederichsen* [287], *Maranda* [288] und *Reiner* [289] haben einfache Beispiele dafür angegeben, daß Q-Äquivalenzklassen irreduzibler Darstellungen in mehrere Z-Äquivalenzklassen aufspalten können sowie daß zwei reduzierte Darstellungen

$$\begin{pmatrix} T_1 & L_1 \\ 0 & T_1 \end{pmatrix} \text{ und } \begin{pmatrix} T_2 & L_2 \\ 0 & T_2 \end{pmatrix} \text{ oder auch } \begin{pmatrix} T_1 & M_1 \\ 0 & 1 \end{pmatrix} \text{ und } \begin{pmatrix} 1 & M_2 \\ 0 & T_2 \end{pmatrix}$$

Z-äquivalent sein können und dabei die irreduziblen Bestandteile T_1 und T_2 Q- aber nicht Z-äquivalent sind. Es hat aber einen guten Sinn, zu sagen: das Vorkommnis liegt im einen Fall an den zwei gleichen irreduziblen Bestandteilen, im anderen an der Änderung der Reihenfolge. Es gilt nämlich immerhin nach *Diederichsen* [290] und *Reiner* [291]: *Wenn ein Darstellungsmodul zwei Kompositionsreihen besitzt, deren Kompositionsfaktoren der Reihe nach* $T_1, \ldots, T_r$ *bzw.* $T_1', \ldots, T_r'$ *sind, und wenn* 1) *für* $i \neq j$ *immer* $T_i \not\sim_Q T_j$ *und* 2) $T_i \sim_Q T_i'$ *gilt, dann ist auch* $T_i \sim_Z T_i'$.

Neuere Resultate über den *Krull-Schmidt*schen Satz s. weiter unten. Da er für Z-Darstellungen nicht gilt, ist die Zerlegung einer zerfällbaren Darstellung in unzerfällbare nicht eindeutig. Aber da sich natürlich gleichwohl jede Darstellung aus unzerfällbaren zusammensetzt, kann es als eine der Hauptaufgaben der Theorie angesehen werden, alle unzerfällbaren Darstellungen anzugeben. Ihre Anzahl heiße $n(ZG)$. Die erste Frage ist, für welche Gruppen $n(ZG)$ endlich ist; und dies ist zugleich eine der wenigen Fragen, die man schon vollständig hat beantworten können. Für die zyklische Gruppe Z_p von Primzahlordnung bewies *Diederichsen* [292], später auf anderem Wege *Reiner* [293] die Endlichkeit von $n(ZG)$, und sie bestimmten die unzerfällbaren Z-Darstellungen vollständig; ihre Anzahl ist gleich der Anzahl der Idealklassen im Ring $Z[\theta]$, wo θ eine primitive p-te Einheitswurzel. *Roĭter* [294] betrachtete Z_4, *Troy* [295] studierte allgemein Z_{p^2} und bewies hier die Endlichkeit für $p = 2$. *Heller* und *Reiner* [296] und *Knee* [297] bewiesen sie für beliebiges p. Dagegen ist nach Heller und Reiner $n(ZG)$ un-

287) loc. cit. [285].
288) J.-M. Maranda, Canadian J. Math. 5, 344-355 (1953).
289) I. Reiner, Proc. Amer. Math. Soc. 11, 655-658 (1960).
290) loc. cit. [285].
291) loc. cit. [289].
292) loc. cit. [285].
293) I. Reiner, Proc. Amer. Math. Soc. 8, 142-146 (1957).
294) A.V. Roĭter, Vestnik Leningrad. Univ. 15, no. 19, 65-74 (1960).
295) A. Troy, Dissertation. Univ. Illinois, 64 S. 1961.
296) A. Heller und I. Reiner, Ann. Math. (2) 76, 73-92 (1962).
297) D.I. Knee, Dissertation. Massachusetts Institute of Technology, 62 S. 1962; Notices Amer. Math. Soc. 9, 32 (1962).

endlich für $G = Z_{p^n}$, $n \geq 3$. Über zyklische p-Gruppen hinaus gingen zuerst *Oppenheim* [298] und *Knee* [299] mit dem Nachweis, daß für zyklische Gruppen mit quadratfreier Ordnung $n(ZG)$ endlich ist. Dagegen zeigte *Nazarova* [300] die Unendlichkeit für die Kleinsche Vierergruppe. *Reiner* [301] und *Heller* und *Reiner* [302] bewiesen dann, daß $n(ZG)$ unendlich ist, wenn G eine nichtzyklische Sylow-Untergruppe besitzt. Das abschließende Resultat verdankt man *Jones* [303]: *$n(ZG)$ ist endlich, wenn alle Sylow-Untergruppen von G zyklisch von der Ordnung p oder p^2 sind, sonst unendlich* (also z. B. gewiß unendlich, wenn die Gruppenordnung eine Primzahl mit dem Exponenten > 2 enthält). Eine Klassifizierung der Darstellungen für spezielle Gruppen oder Klassen von Gruppen findet man außer in den genannten Arbeiten bei *Matuljauskas* [304] für die zyklische Gruppe Z_6, *Nazarova* und *Roĭter* [305] für die symmetrische Gruppe S_3, *Nazarova* [306] für die alternierende Gruppe A_4, *Leahey* [307] und *Lee* [308] für die Diedergruppen der Ordnung $2p$, *Matuljauskas* und *Matuljauskene* [309] für die abelschen Gruppen vom Typ (3,3), *Matuljauskas* [310] für die zyklische Gruppe Z_8, *Pu* [311] für die nichtabelschen Gruppen der Ordnung pq, p und q Primzahlen.

Für den Ring R_p der ganzen p-adischen Zahlen beweisen *Heller* und *Reiner* [312] die Unendlichkeit von $n(R_pG)$ bei der Gruppe $G = Z_{p^3}$. *Dade* [313] beweist: *Wenn es mindestens* 4 *irreduzible Darstellungen über dem algebraischen Zahlkörper K gibt, dann gibt es unendlich viele unzerfällbare über dem Ring der ganzen algebraischen Zahlen aus K.* Daraus folgen erstens alle obigen Unendlichkeitsangaben über Z-Darstellungen ($K = Q$), aber z. B. auch zweitens: eine p-Gruppe besitzt unendlich viele unzerfällbare ganzzahlige Darstellungen über dem Körper der p-ten Einheitswurzeln mit alleiniger Ausnahme der zyklischen Gruppen der Ordnung 1 bis 4. Die Umkehrung des *Dade*schen Satzes ist falsch, wie *Gudivok* [314] und *M. Kneser* [315] durch Angabe von Beispielen gezeigt haben. Eine interessante Verallgemeinerung des *Dade*schen Resultats auf endliche algebraische Erweiterungen der p-adischen Zahlkörper Q_p beweist *M. Kneser* [316].

298) J. Oppenheim, Dissertation. Univ. Illinois, 37 S. 1962.
299) loc. cit. [297].
300) L.A. Nazarova, Dokl. Akad. Nauk SSSR 140, 1011-1014 (1961).
301) I. Reiner, Michigan Math. J. 9, 187-191 (1962).
302) A. Heller und I. Reiner, Ann. Math. (2) 77, 318-328 (1963).
303) A. Jones, Dissertation. Univ. Illinois, 35 S. 1962; Michigan Math. J. 10, 257-261 (1963).
304) A. Matuljauskas, Litovsk. Mat. Sb. 2, 149-157 (1962).
305) L.A. Nazarova und A.V. Roĭter, Ukrain. Mat. Ž. 14, 271-288 (1962).
306) L.A. Nazarova, Ukrain. Mat. Ž. 15, 437-444 (1963).
307) W.J. Leahey, Dissertation. Massachusetts Institute of Technology, 84 S. 1962.
308) M.P. Lee, Dissertation. Univ. Illinois, 67 S. 1962; Trans. Amer. Math. Soc. 110, 213-231 (1964).
309) A. Matuljauskas und M. Matuljauskene, Litovsk. Mat. Sb. 4, 229-233 (1964
310) A. Matuljauskas, Litovsk. Mat. Sb. 3, no. 1, 181-188 (1963).
311) L.C. Pu, Michigan Math. J. 12, 231-246 (1965).
312) A. Heller und I. Reiner, Bull. Amer. Math. Soc. 68, 210-212 (1962).
313) E.C. Dade, Ann. Math. (2) 77, 406-412 (1963).
314) P.M. Gudivok, Dopovidi Akad. Nauk Ukrain. RSR 1964, 173-176.
315) M. Kneser, Arch. Math. 17, 377-379 (1966).
316) loc. cit. [315].

Soeben ist bereits von allgemeineren Ringen und Körpern die Rede gewesen. Solche werden auch in der Theorie der Z-Darstellungen immer wieder betrachtet, z. B. auch beim Beweis des allgemeinen Resultats von Jones. Dabei werden Unzerfällbarkeitsaussagen und solche über die Endlichkeit der Anzahl von engeren Ringen auf umfassendere übertragen oder umgekehrt. Eine erste Frage ist hier die nach dem Äquivalenzverhalten bei Erweiterungen. Die Ringe R und R' mögen die Quotientenkörper K und K' haben, wobei K' eine endliche Erweiterung des algebraischen Zahlkörpers K und $R = R' \cap K$ ist. Altbekannt ist, daß aus der K'-Äquivalenz von K-Darstellungen die K-Äquivalenz folgt. Kann man auch aus der R'-Äquivalenz von R-Darstellungen die R-Äquivalenz folgern? *Reiner* [317] gab mehrere Spezialfälle an, in denen die Frage zu bejahen ist; *Reiner* und *Zassenhaus* [318] gelang es dann, sie für den Fall allgemein zu bejahen, daß R bzw. R' ($R \subsetneqq R'$) Bewertungsringe von K bzw. K' sind. Einen neuen Äquivalenzbegriff hat *Maranda* [319] mit seiner Theorie des *Genus* eingeführt. R sei ein Dedekindring, K sein Quotientenkörper. Für irgendein Ideal $B \neq 0$ in R sei R_B der Ring der für alle in B aufgehenden Primzahlen ganzen Elemente von K. Mit B-Äquivalenz sei die R_B-Äquivalenz gemeint. Dann heißen zwei RG-Moduln M und N *vom gleichen Genus*, wenn sie P-äquivalent für jedes Primideal P in R sind. Maranda bewies: *Ist die durch M definierte R-Darstellung als K-Darstellung absolut irreduzibel und ist N K-äquivalent zu M, so sind M und N genau dann vom gleichen Genus, wenn es in R ein Ideal* $B \neq 0$ *gibt, so dass M und BN R-äquivalent sind, und es gilt*

$$r = h\, r_g ,$$

wobei r bzw. r_g *die Anzahl der R-Äquivalenzklassen bzw. der Genera sind, in die die K-Äquivalenzklasse von M zerfällt, und h die Zahl der Idealklassen von R bedeutet.* Zerfällt die durch M definierte K-Darstellung in k verschiedene irreduzible Bestandteile, so gilt

$$r \geq h^k\, r_g ,$$

wie *Reiner* [320] zeigte, der auch eine Bedingung dafür angab, daß hier das Gleichheitszeichen steht.

Eine weitere wichtige Frage ist die, in welchen Fällen man die Gültigkeit des *Krull-Schmidt*schen *Satzes* behaupten kann. K sei ein algebraischer Zahlkörper, R der Ring der ganzen algebraischen Zahlen in K, P ein Primideal in R, R_P der P-adische Bewertungsring in K, K_P^* die P-adische Komplettierung von K, R_P^* der Ring der P-adisch ganzen Zahlen in K_P^*. Nach *Reiner* [321] (s. auch *Borevich* und *Fadeev* [322] und *Swan* [323]) ist die Kom-

317) I. Reiner, Illinois J. Math. 4, 640-651 (1960).
318) I. Reiner und H. Zassenhaus, Illinois J. Math. 5, 409-411 (1961).
319) J.-M. Maranda, Canad. J. Math. 7, 516-526 (1955).
320) I. Reiner, Canad. J. Math. 11, 660-672 (1959).
321) I. Reiner, Bull. Amer. Math. Soc. 67, 365-367 (1961).
322) Z.I. Borevic und D.K. Faddeev, Vestnik Leningrad. Univ. 11, no. 7, 3-39 (1956); 14 no. 7, 72-87 (1959).
323) loc. cit. [104]) (2).

plettheit hinreichend für die Gültigkeit, d. h. der Satz von Krull-Schmidt gilt für R_p^*G-Moduln. *Heller* [324] zeigte, daß der Satz für R_pG-Moduln gilt, wenn K Zerfällungskörper für G bezgl. K_p^* ist, d. h. wenn in K irreduzible Darstellungen auch in K_p^* irreduzibel sind (also insbesondere in dem klassischen Fall, daß K Zerfällungskörper für G schlechthin ist). Inwieweit solche hinreichenden Bedingungen auch notwendig sind, bleibt offen. Immerhin konnte *Reiner* [325] Gegenbeispiele konstruieren und z. B. beweisen, daß, unabhängig von der Wahl von K bzw. R, der Satz von Krull und Schmidt für RG-Moduln nicht gilt (und auch nicht für $\tilde{R}G$-Moduln, wo $\tilde{R}$ der Ring der für alle in der Gruppenordnung aufgehenden Primideale aus R ganzen Zahlen ist), wenn G, ohne p-Gruppe zu sein, einen Normalteiler von Primzahlindex besitzt.

Wichtig sind für die Theorie (z.B.) der Z-Darstellungen die schon von Zassenhaus und Diederichsen betrachteten *Verbindungssysteme* $L(s)$ in reduziblen Darstellungen

$$s \to \begin{pmatrix} T(s) & L(s) \\ 0 & U(s) \end{pmatrix} \tag{17.1}$$

(bei Curtis-Reiner: *binding functions*, insofern sie mehr Wert auf die durch L vermittelte Abbildung von M/N in N legen: M der Darstellungsmodul von (17.1), N der zu $T(s)$ gehörige Untermodul; M/N gehört zu $U(s)$). Die Gesamtheit $B(T, U)$ dieser Systeme, die man auch durch die Bedingung $L(st) = T(s)L(t) + L(s)U(t)$ charakterisieren kann, bildet einen Z-Modul. Er enthält den Teilmodul $B'(T, U)$ der Systeme

$$L(s) = T(s)D - DU(s) , \tag{17.2}$$

wo D eine beliebige Z-Matrix der richtigen Zeilen- und Spaltenzahl bedeutet. Systeme L_1, L_2, deren Differenz in B' liegt, mögen Z-äquivalent heissen; es ist dann

$$\begin{pmatrix} T & L_1 \\ 0 & U \end{pmatrix} \sim_Z \begin{pmatrix} T & L_2 \\ 0 & U \end{pmatrix}$$

im früheren Sinne. Der wichtigste Satz ist: $gB(T, U) \subseteq B'(T, U)$, wo g wie immer die Gruppenordnung bedeutet (*Diederichsen* [326]). Daraus folgt, wenn man L_1 und L_2 Q-äquivalent nennt, falls es eine Q-Matrix D mit (17.2) gibt, daß jedes $L \in B(T, U)$ Q-äquivalent zu Null ist: das ist der *Satz von Maschke* (Nr. 4).

Verallgemeinert man wieder so, daß an die Stelle von Z der Ring R der ganz-algebraischen Zahlen aus einem algebraischen Zahlkörper K tritt, und setzt man $C(T, U) = B(T, U)/B'(T, U)$, so ist das Ideal $d(M)$ der $a \in R$ mit $aC(T, U) = 0$ für alle Untermoduln N von M (s. o.) wichtig (*Higman* [327]).

324) A. Heller, Proc. Nat. Acad. Sci. USA 47, 1194-1197 (1961).
325) I. Reiner, Michigan Math. J. 9, 225-231 (1962).
326) loc. cit. [285].
327) D.G. Higman, Canad. J. Math. 12, 107-125 (1960).

Wie oben gilt $g \in d(M)$. *Reiner* [328)] beweist für absolut irreduzibles M, d.h. wenn die zugehörige Matrixdarstellung als K-Darstellung absolut irreduzibel ist, daß $d(M)$ das von $\frac{g}{m}$ erzeugte Hauptideal ist, wo m den Grad der Darstellung bedeutet, der ja in g aufgeht.

Als wichtiges Werkzeug beim Beweis mancher der im Vorstehenden referierten Sätze haben sich die Ergebnisse von *Maranda* [329)] erwiesen. R sei der Bewertungsring eines diskret bewerteten Körpers K, dessen Charakteristik die Ordnung der betrachteten Gruppe nicht teilt, $q \in R$ erzeugendes Element des maximalen Ideals von R, q^{k_0} die höchste Potenz von q, die in der Gruppenordnung aufgeht. In natürlicher Weise wird Äquivalenz, Reduzibilität und Zerfällbarkeit mod q^k für beliebige Exponenten k erklärt. Äquivalente, reduzible, zerfällbare R-Darstellungen sind dies natürlich auch mod q^k. Marandas Sätze sagen aus, daß sich dies in gewissem Sinne umkehren läßt: 1) Wenn zwei Darstellungen für einen Exponenten $k > k_0$ äquivalent mod q^k sind, dann sind sie R-äquivalent schlechthin. Ist K komplett, so gilt ferner: 2) Wenn eine Darstellung für einen Exponenten $k > 2k_0$ in die Darstellungen T und U mod q^k zerfällt, dann zerfällt sie schlechthin in zwei Darstellungen T' und U', die zu T und U mod q^{k-k_0} kongruent sind. Man vergl. auch Arbeiten von *Takahashi*, *Green*, *Higman* [330)].

Eine Fülle von weiteren einzelnen Resultaten zur Darstellungstheorie über allgemeineren Ringen verschiedener Art findet man in neueren Arbeiten von *Berman*, *Drobotenko*, *Gudivok*, *Lihtman*, *Jones* und *Roggenkamp* [331)].

In neuester Zeit hat sich die Aufmerksamkeit den *Darstellungsalgebren* zugewendet. Zu den Darstellungen der Gruppe G über einem Ring R gehört die Algebra $A(RG)$, deren Erzeugende die Äquivalenzklassen von unzerfällbaren Darstellungsmoduln sind, wobei als Addition die direkte Summe, als Multiplikation das Kroneckerprodukt der Darstellungen genommen wird. Die Frage, die man sich hier stellt, ist die nach der Halbeinfachheit von $A(RG)$. Ist R ein Körper der Charakteristik 0, so ist die Halbeinfachheit klar, es handelt sich dann um den gewöhnlichen Ring der verallgemeinerten Charaktere. *Green* [332)] hat zuerst die *modulare* Darstellungsalgebra $A(KG)$ betrachtet, wo K ein Körper der Charakteristik p ist, und zwar als Algebra über dem Körper der komplexen Zahlen. Wenn p die Gruppenordnung nicht teilt, ist $A(KG)$ wieder halbeinfach. Ist $p \mid g$ zugelassen, so konnte Green

328) I. Reiner, Michigan Math. J. 10, 273-276 (1963).
329) loc. cit. [288)].
330) S. Takahashi, Tôhoku Math. J. (2) 11, 216-246 (1959); J.A. Green, Proc. Roy. Soc. London Ser. A 252, 135-142 (1959); D.G. Higman, Canad. J. Math. 7, 509-515 (1955).
331) S.D. Berman, Dokl. Akad. Nauk SSSR 152, 1286-1287 (1963); 157, 506-508 (1964); S.D. Berman und P.M. Gudivok, Dokl. Akad. Nauk SSSR 145, 1199-1201 (1962); Dokl. i Soobsc. Uzgorodsk. Univ. Ser. Fiz.-Mat. Istor. Nauk 1962 no. 5, 74-76; Izv. Akad. Nauk SSSR Ser. Mat. 28, 875-910 (1964);
P.M. Gudivok, Dokl. i Soobsc. Uzgorodsk. Univ. Ser. Fiz.-Mat. Istor. Nauk 1962 no. 5, 73 und 81-82; Dokl. Akad. Nauk SSSR 159, 1210-1213 (1964);
P.M. Gudivok, V.S. Drobotenko und A.I. Lihtman, Ukrain. Mat. Ž. 16, 82-89 (1964);
A. Jones, Cand. J. Math. 15, 625-630 (1963); Illinois J. Math. 9, 297-303 (1965);
K. Roggenkamp, Math. Z. 96, 393-398, 399-407 (1967); Mitt. Math. Sem. Giessen 71, 72 S. (1967).
332) J.A. Green, Illinois J. Math. 6, 607-619 (1962).

die Halbeinfachheit für zyklische Gruppen G beweisen. *O'Reilly* [333] bewies sie für den Fall, daß die p-Sylow-Untergruppe S von G zyklisch und Normalteiler und G/S ebenfalls zyklisch ist, *Conlon* [334] bei $p = 2$ für die Kleinsche Vierergruppe V_4, für die alternierende Gruppe A_4 und allgemeiner für alle Gruppen, deren Sylow-2-Untergruppen isomorph zur V_4 sind.

Reiner [335] betrachtet die Darstellungsalgebra $A(RG)$ (als Algebra über Z), wo R ein diskreter Bewertungsring der Charakteristik 0 mit maximalem Ideal P ist und mit der Eigenschaft, daß der Krull-Schmidtsche Satz für RG-Moduln gilt. Im Hinblick auf die Frage der Halbeinfachheit untersucht er, ob es in $A(RG)$ nilpotente Elemente $\neq 0$ gibt, und beweist für die zyklische Gruppe $G = Z_n$ die Existenz von solchen Elementen, falls $n \in P^2$ und, wenn $2 \in P$, auch noch $n \in 2P$ gilt. Im Fall des p-adischen Bewertungsrings und $G = Z_{p^e}$, $e > 1$, gibt es immer nilpotente Elemente $\neq 0$. Man kann aber auch G und R so wählen, daß es keine nilpotenten Elemente $\neq 0$ gibt. Weitere Resultate über Darstellungsalgebren bei *Green* [336], *O'Reilly* [337], *Srinivasan* [338].

D. ANWENDUNGEN AUF DIE GRUPPENTHEORIE

18. *Anwendungen der gewöhnlichen und der modularen Darstellungstheorie.* Es gibt eine große Zahl von Sätzen der Gruppentheorie - und ihre Zahl nimmt besonders in der neuesten Zeit beständig zu - , die mit Hilfe der Darstellungstheorie, insbesondere der Charaktere bewiesen worden sind und die man zumeist *nur* auf diesem Wege hat beweisen können. Ein großer Teil von ihnen liegt auf dem Wege zur Lösung der Aufgabe, alle einfachen Gruppen anzugeben, indem einerseits Nicht-Einfachheits-Kriterien angegeben werden, andererseits schon bekannte einfache Gruppen durch leicht zu verifizierende Eigenschaften charakterisiert werden. Ich beschränke mich darauf, eine Auswahl von Sätzen anzugeben und auf weitere Literatur zu verweisen. Eine Schilderung der Beweismethoden würde über den gesteckten Rahmen hinausgehen. *Brauer* zeigt in seinem Aufsatz im ersten Bändchen der Lectures on Modern Mathematics 1963 [339] eine große Anzahl von gelösten und ungelösten Problemen aus dem Bereich der Darstellungstheorie auf, von denen ein großer Teil in den Zusammenhang dieses Abschnitts gehört.

An den Anfang sei der berühmte *Satz von Frobenius* [340] gestellt, der auch im Berichtszeitraum eine Reihe von Arbeiten angeregt hat mit dem Ziel, teils ihn ohne Charaktere zu beweisen - was nicht allgemein gelungen

333) M.F. O'Reilly, J. London Math. Soc. 39, 267-276 (1964).
334) S.B. Conlon, J. Austral. Math. Soc. 5, 83-99 (1965); 6, 76-88 (1966).
335) I. Reiner, Michigan Math. J. 12, 11-22 (1965).
336) J.A. Green, J. Algebra 1, 73-84 (1964).
337) M.F. O'Reilly, Illinois J. Math. 9, 261-276 (1965).
338) B. Srinivasan, Proc. London Math. Soc. (3) 14, 677-688 (1964).
339) s. Lehrbücherverzeichnis.
340) G. Frobenius, Sitzungsber. Preuss. Akad. Wiss. 1901, 428-437.

ist - , teils ihn zu verallgemeinern. Er lautet: *H sei Untergruppe der endlichen Gruppe G mit der Eigenschaft, dass* $H \cap aHa^{-1} = 1$ *für alle* $a \in G$, *die nicht in H liegen. Dann bilden die Elemente von G, die weder in H noch in einer der* aHa^{-1} *liegen, zusammen mit der Eins einen Normalteiler N, und es ist* $HN = G$. (In der Tat gibt es, wenn $m = [G:H]$, gerade m verschiedene zu H konjugierte Untergruppen, und da sie paarweise nur die Eins gemeinsam haben, bleiben gerade m-1 Elemente übrig.) Falls H auflösbar ist, ist es gelungen, diesen Satz ohne Charaktere zu beweisen (*Grün* [341], unabhängig von ihm *Shaw* [342]).

Vom Satz von Frobenius gilt folgende Verallgemeinerung: *H sei Untergruppe der endlichen Gruppe G und es existiere ein echter Normalteiler* H^* *in H, so dass* $H \cap aHa^{-1} \subsetneqq H^*$ *für alle* $a \in G$, *die nicht in H liegen. Dann gibt es genau einen Normalteiler N in G mit* $H \cap N = H^*$, $HN = G$. Für den Fall H/H^* auflösbar wurde dieser Satz von *Grün* [343] ohne Charaktere bewiesen. Der allgemeine Beweis - mit Charakteren - stammt von *Wielandt* [344], der auch noch die Einschränkung, daß der Normalisator von H mit H übereinstimmen soll, durch eine schwächere (aber kompliziertere) ersetzen konnte.

Diese Sätze stehen in enger Beziehung zur Frage nach der Anzahl der Lösungen der Gleichung $x^m = 1$ in G. Ist im Fall des Satzes von Frobenius $(h, m) = 1$, wo h die Ordnung, m wie oben der Index von H in G ist, dann ist offenbar $x^m = 1$ genau für die $x \in N$, die Gleichung hat also gerade m Lösungen. Frobenius hatte schon vermutet, daß immer, wenn das der Fall und $(m, g/m) = 1$ ist, die Lösungen einen Normalteiler bilden. Das beste hierzu erzielte Resultat stammt von *Wielandt* [345] und lautet: *Die Ordnung von G sei* $g = mq$ *und* $(m,q) = 1$. *G besitze eine Untergruppe H und diese einen Normalteiler* H^* *vom Index q in H, so dass* $H \cap aHa^{-1}$ *stets* $= H$ *oder* $\subsetneqq H^*$. *Die Gleichung* $x^m = 1$ *habe in G genau m Lösungen. Dann bilden diese Lösungen eine charakteristische Untergruppe* G^* *von G und es ist* $H \cap G^* = H^*$, $HG^* = G$. Dieser Satz war vorher von *Feit* [346] unter der zusätzlichen Voraussetzung bewiesen worden, daß auch noch $(k, \frac{m}{k}) = 1$ ist, wo k die Ordnung von H^*.

Brauer [347] gibt Bedingungen für die Existenz eines "normalen Komplements" einer Untergruppe H von G, die einen Normalteiler H_0 besitzt, das ist ein Normalteiler G_0 von G mit $G = G_0H$ und $H_0 = G_0 \cap H$. Aus seinem Satz kann der oben erwähnte von *Wielandt* bewiesene Satz hergeleitet werden.

Blichfeldt hatte 1903 bewiesen [348]: die p-Sylow-Untergruppe einer Matrixgruppe (über den komplexen Zahlen) vom Grad n ist abelscher Normalteiler, wenn $p > (2n+1)(n-1)$. Daß dies schon für $p > 2n+1$ gilt, hatte *Brau-*

341) O. Grün, J. reine angew. Math. 186, 165-169 (1949).
342) R.H. Shaw, Proc. Amer. Math. Soc. 3, 970-972 (1952).
343) loc. cit. [341].
344) H. Wielandt, Math. Nachr. 18, 274-280 (1958).
345) loc. cit. [344].
346) W. Feit, Proc. Amer. Math. Soc. 7, 177-187 (1956); Canad. J. Math. 9, 587-596 (1957).
347) R. Brauer, Math. Z. 83, 72-84 (1964).
348) H. Blichfeldt, Trans. Amer. Math. Soc. 4, 387-397 (1903).

er [349] für den Fall bewiesen, daß p in der Gruppenordnung nur in der ersten Potenz aufgeht. *Feit* und *Thompson* [350] beweisen es allgemein und zugleich, daß dies das bestmögliche Resultat ist. *Itô* [351] hatte sich mit dem Fall beschäftigt, daß die Gruppe auflösbar ist. Von *Feit* [352] stammt folgender Satz: Die Ordnung der Matrixgruppe vom Grad n sei ab, $(a, b) = 1$ und es sei $p > n+1$ für alle Primzahlen $p \mid a$. Dann gibt es einen abelschen Normalteiler der Ordnung a oder $\frac{a}{p}$ (für ein $p \mid a$). *Isaacs* und *Passman* [353] bewiesen: Wenn alle Darstellungsgrade einer endlichen Gruppe in p^e aufgehen, dann gibt es eine Untergruppe H vom Index p^e und der Index des Zentrums von H in H ist $\leq p^{3e(e+2)}$. Sind alle Darstellungsgrade 1 oder p, so ist entweder die Gruppe abelsch oder es gibt einen abelschen Normalteiler vom Index p oder der Index des Zentrums ist p^3. In einer anderen Arbeit bewiesen sie [354]: es gibt eine Funktion $f(n)$ mit der Eigenschaft, daß es in jeder Gruppe, deren Darstellungsgrade n nicht übersteigen, eine abelsche Untergruppe vom Index $\leq f(n)$ gibt.

Das wichtigste Ereignis der letzten Jahre ist zweifellos der Beweis des schon seit Jahrzehnten vermuteten Satzes, daß *jede Gruppe von ungerader Ordnung auflösbar ist*, durch *Feit* und *Thompson* [355]. Mit den zum Zweck dieses Beweises entwickelten mannigfachen tiefliegenden Methoden, die zu einem Teil darstellungstheoretisch sind, wurden von *Feit* [356], *Gorenstein* und *Walter* [357] eine Reihe weiterer Resultate hergeleitet, von denen nur der folgende Satz von *Gorenstein* und *Walter* (aus der 3. zitierten Arbeit) erwähnt sei: *Eine einfache Gruppe, deren 2-Sylow-Untergruppen Diedergruppen sind, ist isomorph zu einer* $PSL(2,q)$, *q ungerade und* ≥ 5, *oder zur alternierenden Gruppe* A_7.

Zwei Arbeiten von *Brauer* [358] behandeln die Frage, ob es unendlich viele einfache Gruppen gibt, die eine gegebene abelsche 2-Gruppe H als 2-Sylow-Untergruppe haben. Er beweist u. a.: ist die Ordnung von H mindestens 8 und besitzt H keinen elementar-abelschen direkten Faktor der Ordnung 8, so gibt es höchstens endlich viele.

Brauer und *Suzuki* [359] bewiesen: *Eine Gruppe, deren 2-Sylow-Untergruppen gewöhnliche oder verallgemeinerte Quaternionengruppen sind, ist nicht einfach*. Vgl. auch weitere Arbeiten von *Suzuki* [360]. Weitere Aussa-

349) R. Brauer, Amer. J. Math. 64, 421-440 (1942).
350) W. Feit und J.G. Thompson, Pacific J. Math. 11, 1257-1262 (1961).
351) N. Itô, Nagoya Math. J. 5, 75-77 (1953).
352) W. Feit, Trans. Amer. Math. Soc. 112, 287-303 (1964).
353) I.M. Isaacs und D.S. Passman, Pacific J. Math. 15, 877-903 (1965).
354) I.M. Isaacs und C.S. Passman, Canad. J. Math. 16, 299-309 (1964).
355) W. Feit und J.G. Thompson, Proc. Nat. Acad. Sci. USA 48, 968-970 (1962); Pacific J. Math. 13, 775-1029 (1963).
356) W. Feit, Proceedings of Symposia in Pure Mathematics, Vol. VI, 67-70 (1962).
357) D. Gorenstein und J.H. Walter, Illinois J. Math. 6, 553-593 (1962); J. Algebra 1, 168-213 (1964); 2, 85-151, 218-270, 354-393 (1965).
358) R. Brauer, Proc. Nat. Acad. Sci. USA 47, 1891-1893 (1961); Arch. Math. 13, 55-60 (1962).
359) R. Brauer und M. Suzuki, Proc. Nat. Acad. Sci. USA 45, 1757-1759 (1959).
360) M. Suzuki, Proceedings of Symposia in Pure Mathematics, Vol. I, 88-99 (1959); Vol. VI, 101-105 (1962).

gen über Gruppen mit vorgegebener 2-Sylow-Untergruppe findet man bei *Brauer* [361] und *Glauberman* [362].

Um Nicht-Einfachheits-Kriterien geht es in einer Reihe von Arbeiten von *Djubjuk* [363], *Wielandt* [364] und *Suzuki* [365]. Bei *Brauer* [366], *Gorenstein* [367], *Suzuki* [368] und *Wong* [369] wird insbesondere von Eigenschaften der in der Gruppe vorhandenen Involutionen Gebrauch gemacht. Einige Angaben findet man auf S. 654 des Buches von Curtis und Reiner. Arbeiten von *Brauer* [370], *Nagai* [371] und *Reynolds* [372] beschäftigen sich mit Gruppen, in denen es Elemente der Ordnung p gibt, die nur mit ihren eigenen Potenzen kommutieren. Zwei ältere Arbeiten von *Kulakoff* [373] seien hier noch erwähnt, in deren zweiter sich der folgende Satz findet: *g sei die Ordnung von G, g' die einer echten Untergruppe G', deren Zentrum mehr als ein Element enthält; r sei die Anzahl der Klassen von G, h_s die Ordnung der Klasse des Elements s. Ist dann* $\sum_{s \in G'} g/h_s < (2r-1)g'$, *so ist G nicht einfach.* *Tamaschke* [374] zeigt, wie man bei Permutationsgruppen auch mit Hilfe der in Nr. 5 erwähnten Theorie der S-Ringe zu Nicht-Einfachheits-Kriterien kommen kann. Einige weitere Sätze werden in Nr. 19 angeführt.

Es handelt sich weiter um die Charakterisierung bekannter einfacher Gruppen. Besonders handlich sind Sätze, die (wie der oben erwähnte Satz von Feit und Thompson) aus der Gruppenordnung allein derartige Schlüsse zu ziehen erlauben. Da nach *Burnside* jede Gruppe der Ordnung $p^a q^b$ auflösbar ist, kann man sich auf Ordnungen beschränken, die durch mindestens drei verschiedene Primzahlen teilbar sind. *Brauer* und *Tuan* [375] zeigten, daß, wenn $g = pqr^m$, nur $g = 60$ (A_5) und $g = 168$ ($PSL(2,7)$) in Frage kommt. Für $g = pq^b g^*$, $0 < g^* < p-1$, ergibt sich $PSL(2,p)$, $p = 2^m \pm 1 > 3$, oder $PSL(2,2^m)$, $p = 2^m + 1 > 3$. Bei $g = 4p^a q^b$, $a \leq 2$, gibt es nur die alternierende Gruppe A_5, bei $3p^a q^b$, $a \leq 2$, A_5 und $PSL(2,7)$ (*Brauer* [376]). Sätze über Gruppen, deren Ordnung eine Primzahl in der 1. Potenz enthält, auch

361) R. Brauer, Proc. Nat. Acad. Sci. USA 55, 254-259 (1966).
362) G. Glauberman, J. Algebra 4, 403-420 (1966).
363) P.E. Djubjuk, Rec. Math. (Mat. Sbornik) (N.S.) 7 (49), 285-300 (1940).
364) H. Wielandt, J. reine angew. Math. 182, 180-193 (1940).
365) M. Suzuki, Proc. Amer. Math. Soc. 8, 686-695 (1957); Illinois J. Math. 3, 255-271 (1959).
366) R. Brauer, Bull. Amer. Math. Soc. 69, 125-130 (1963).
367) D. Gorenstein, Canad. J. Math. 17, 860-906 (1965).
368) M. Suzuki, Trans. Amer. Math. Soc. 92, 191-219 (1959); 99, 425-470 (1961); Nagoya Math. J. 21, 159-183 (1962).
369) W.J. Wong, Proc. London Math. Soc. (3) 13, 359-383 (1963).
370) R. Brauer, Ann. Math. (2) 44, 57-79 (1943).
371) O. Nagai, Osaka Math. J. 4, 113-120 (1952); 5, 227-232 (1953); 8, 107-117 (1956); 11, 147-152 (1959).
372) W.F. Reynolds, Bull. Amer. Math. Soc. 61, 38-39 (1955).
373) A.A. Kulakoff, Math. Ann. 113, 216-225 (1937); C. R. (Doklady) Acad. Sci. URSS (N.S.) 40, 3-4 (1943).
374) loc. cit. [15] (2).
375) R. Brauer und H.-F. Tuan, Bull. Amer. Math. Soc. 51, 756-766 (1945).
376) loc. cit. [216] (7).

bei *Tuan* [377]. *Suzuki* [378] bewies, daß die einzige einfache Gruppe einer Ordnung $p_1^2 p_2 \ldots p_n$ mit $p_1 < p_2 < \ldots < p_n$ die $PSL(2,p_n)$ ist. *Brauer* [379] zeigte, daß die bekannten einfachen Gruppen der Ordnung 5616 und 6048 die einzigen dieser Ordnung sind, *Stanton* [380] das Entsprechende für die beiden Mathieugruppen M_{12} und M_{24}. Neuere Arbeiten zur Charakterisierung bekannter einfacher Gruppen, insbesondere der $PSL(2,p)$ und $SL(2,2^a)$, aber auch bis zum Grad 3 vordringend: *Brauer*, *Suzuki* und *Wall* [381], *Feit* [382], *Itô* [383], *Winter* [384], *Wong* [385]. Einige Sätze sind auf S. 652-653 des Buches von Curtis und Reiner angegeben.

In der Theorie der Permutationsgruppen werden seit *Burnside* und *Schur* darstellungstheoretische Methoden angewendet. Die im folgenden anzugebenden Sätze lauten stets: eine Gruppe, die gewisse Voraussetzungen erfüllt, ist zweifach transitiv oder imprimitiv. Insoweit die Voraussetzung die Existenz einer Untergruppe von einem bestimmten gruppentheoretischen Typ beinhaltet, kann man die Sätze als solche über Typen abstrakter Gruppen formulieren, wenn man mit *Wielandt* [386] den Begriff der Burnside- oder B-Gruppe einführt: eine Gruppe heißt *B-Gruppe*, wenn jede primitive Obergruppe ihrer regulären Darstellung zweifach transitiv ist. Dann ist der erste Satz der von *Burnside* 1911 (2. Aufl. des Lehrbuches) bewiesene: Jede zyklische Gruppe der Ordnung p^m ist B-Gruppe. 1921 hat Burnside irrtümlicherweise behauptet, jede abelsche Gruppe, die nicht elementar-abelsch ist, sei B-Gruppe. Der Irrtum wurde von *Dorothy Manning* [387] berichtigt, die auch Gegenbeispiele bringt. *Schur* [388] bewies 1933, daß jede zyklische Gruppe von zusammengesetzter Ordnung eine B-Gruppe ist, *Wielandt* [389] bewies es 1935 für jede abelsche Gruppe von zusammengesetzter Ordnung, die wenigstens eine zyklische Sylow-Untergruppe besitzt. *Manning* in der zitierten Arbeit und *Kochendörffer* [390] zeigten es für abelsche Gruppen vom Typ (p^a, p^b), $a \neq b$. Für $a = b$ gibt es Ausnahmen. *Wielandt* [391] bewies weiter, daß Diedergruppen B-Gruppen sind, *Nagai* [392]: Es sei die

377) H.-F. Tuan, Ann. Math. (2) 45, 110-140 (1944).
378) M. Suzuki, Amer. J. Math. 77, 657-691 (1955).
379) R. Brauer, Amer. J. Math. 64, 401-420 (1942).
380) loc. cit. [209].
381) R. Brauer, M. Suzuki und G.E. Wall, Illinois J. Math. 2, 718-745 (1958).
382) W. Feit, Amer. J. Math. 82, 281-300 (1960).
383) N. Itô, Math. Z. 74, 299-301 (1960); 75, 127-135 (1961); 78 453-468 (1962); Nagoya Math. J. 21, 123-158 (1962); Illinois J. Math. 6, 341-352 (1962); Bull. Amer. Math. Soc. 69, 165-192 (1963); Trans. Amer. Math. Soc. 113, 454-487 (1964); 116, 151-166 (1965).
384) D.L. Winter, Amer. J. Math. 86, 608-618 (1964).
385) W.J. Wong, J. Austral. Math. Soc. 4, 90-112 (1964).
386) H. Wielandt, Permutationsgruppen (Tübinger Vorlesungen 1954/55, ausgearbeitet von J. André). Tübingen 1955. Finite Permutation Groups. New York 1964. 114 S.
387) D. Manning, Trans. Amer. Math. Soc. 40, 324-342 (1936).
388) I. Schur, Sitzungsber. Preuss. Akad. Wiss. 1933, 598-623.
389) H. Wielandt, Math. Z. 40, 582-587 (1936).
390) R. Kochendörffer, Schr. Math. Sem. Inst. angew. Math. Univ. Berlin 3, 155-180 (1937).
391) loc. cit. [14].
392) O. Nagai, Osaka Math. J. 13, 199-207 (1961).

Primzahl $p = 2\,3^a + 1$, $a > 2$, dann ist eine nichtabelsche Gruppe der Ordnung $3p$ B-Gruppe. *Wielandt* [393] zeigte: Jede Permutationsgruppe vom Grad $2p$ ist, sofern es kein m mit $2p = m^2 + 1$ gibt, zweifach transitiv oder imprimitiv. In den oben zitierten Vorlesungen gibt *Wielandt* noch mehr Gegenbeispiele gegen die *Burnside*sche Behauptung von 1921 an, sowie zahlreiche weitere Anwendungen. Eine ringtheoretische Behandlung der beim Beweis dieser Sätze verwendeten Methoden hat *Tamaschke* [394] eingeführt.

Um Permutationsgruppen G vom Grad n, aufgefaßt als Untergruppen der symmetrischen Gruppe S_n, geht es bei *Tsuzuku* [395]. $n - \lambda_1$ heiße *Dimension* der irreduziblen Darstellung $(\lambda_1, \ldots, \lambda_n)$ von S_n. In Verallgemeinerung eines Resultates von *Frobenius* wird gezeigt: 1) Wenn alle irreduziblen Darstellungen von S_n einer festen Dimension $r < \frac{n}{2}$ auf G irreduzibel bleiben, ist G zweifach transitiv. 2) ($n \geq 5$) Wenn $(n-2,2)$ oder $(n-2,1^2)$ auf G irreduzibel bleibt, ist G dreifach transitiv. 3) ($n \geq 6$) Wenn $(n-3,3)$ und $(n-3,1^3)$ irreduzibel bleiben, ist G vierfach transitiv; wenn $(n-3,2,1)$ irreduzibel bleibt, ist G fünffach transitiv.

Itô [396] beschäftigt sich mit Permutationsgruppen vom Primzahlgrad p und beweist außer dem auch schon von *Wielandt* bewiesenen Satz, daß G auflösbar ist, wenn die Untergruppe der Elemente, die eine Ziffer festlassen, nichttriviales Zentrum hat, und dem Satz, daß auch aus der Tatsache, daß die irreduziblen Darstellungen von G zu p prime Grade haben, die Auflösbarkeit folgt, den folgenden Satz über transitive Gruppen: Eine nicht auflösbare transitive Gruppe vom Grad $p = 2q + 1$, wo p und q Primzahlen sind, ist dreifach transitiv, wenn $p > 11$.

In seinem Buch hat *Littlewood* Kriterien dafür zusammengestellt, daß ein zusammengesetzter Charakter einer endlichen Gruppe zur Permutationsdarstellung der Nebenklassen einer Untergruppe gehört. Dies liefert eine Methode, um Untergruppen aufzufinden, insbesondere Untergruppen von großer Ordnung und kleinem Index, die anderen Methoden schwer zugänglich sind. Die Methode wurde von *Todd* [397] weiter entwickelt und zur Erforschung einer maximalen Untergruppe der Ordnung 1344 von A_8, die schon Littlewood behandelt hatte, und einer gewissen Gruppe der Ordnung $2^8\,3^6\,5\,7$ angewendet. Um die Existenz von "großen" Untergruppen geht es auch in Arbeiten von *Brauer* [398], *Brauer* und *Fowler* [399], wo u. a. bewiesen wird, daß eine Gruppe der geraden Ordnung g eine Untergruppe der Ordnung $> \sqrt[3]{g}$ besitzt.

Eine interessante Beziehung zwischen Darstellungstheorie und Galoistheorie hat *Deuring* [400] hergestellt.

393) H. Wielandt, Math. Z. 63, 478-485 (1956).
394) O. Tamaschke, Math. Z. 73, 393-408 (1960).
395) T. Tsuzuku, Nagoya Math. J. 18, 93-109 (1961).
396) N. Itô, Sûgaku 15, 129-141 (1963/64).
397) J.A. Todd, J. London Math. Soc. 27, 145-152 (1952); loc. cit. [212].
398) R. Brauer, Proceedings of the International Congress of Mathematicians. Amsterdam 1954. Vol. 1, 209-217.
399) R. Brauer und K.A. Fowler, Ann. of Math. (2) 62, 565-583 (1955).
400) M. Deuring, Math. Ann. 107, 140-144 (1933); 113, 40-47 (1937).

In der früher genannten Arbeit von *Mann* [401] wird ein Kriterium für abelsche Gruppen angegeben: Besitzt G zwei abelsche Normalteiler, deren Indizes verschiedene Primzahlen sind, so ist G abelsch.

In einer Arbeit von *Helmberg* [402] werden Kriterien dafür hergeleitet, daß eine Menge von Elementen einer Gruppe G diese erzeugt. Dabei werden Fixpunkteigenschaften der Elemente der Menge bei den Darstellungen von G benutzt.

Von *Gallagher* [403] wurde für eine endliche oder kompakte kontinuierliche Gruppe G mit endlicher Faktorgruppe nach der Kommutatorgruppe G' bewiesen, daß jedes Element von G' als Produkt von n Kommutatoren geschrieben werden kann, wenn $\sum_{f_\chi \geq 2} f_\chi^{2-2n} < [G:G']$ ist, wo f_χ den Grad des irreduziblen Charakters χ bedeutet. Daraus folgt leicht, daß dies bei einer endlichen Gruppe der Fall ist, wenn die Ordnung von G' höchstens 4^n ist; hier kommen im Kriterium selbst die Charaktere nicht mehr vor.

E. VERALLGEMEINERUNGEN UND VERWANDTE THEORIEN

19. *Monomiale Darstellungen*. Unter einer *monomialen* Substitution versteht man eine solche, bei der die Variablen permutiert und zugleich mit Faktoren multipliziert werden; die Matrix enthält also in jeder Zeile und Spalte genau ein von Null verschiedenes Element. In der neueren Literatur [404] wird von den Faktoren bzw. Matrixelementen nur vorausgesetzt, daß sie Elemente einer Gruppe H (der "Faktorengruppe") sind. Alle diese monomialen Matrizen bilden eine Gruppe - wenn man $0s = s0 = 0$, $0+s = s+0 = s$ usw. für $s \in H$ setzt und das Produkt der Matrizen in der gewohnten Weise definiert - , die monomiale Gruppe über H. Eine monomiale Darstellung einer Gruppe G ist ein Homomorphismus von G in eine monomiale Gruppe. Es ist leicht, alle monomialen Darstellungen einer gegebenen Gruppe G anzugeben. Man wählt eine Untergruppe H von endlichem Index n in G und ein Vertretersystem der Rechtsnebenklassen: $G = Hg_1 + \ldots + Hg_n$, $g_1 = 1$. Für $s \in G$ sei $\nu_i(s)$ die Nummer der Nebenklasse, in der $g_i s$ liegt: $g_i s = h_i(s) g_{\nu_i}(s)$, $h_i(s) \in H$. Dann setze man

$$a_{ik}(s) = \begin{cases} h_i(s) & \text{für } k = \nu_i(s) \\ 0 & \text{sonst;} \end{cases}$$

die so erhaltenen Matrizen $A(s)$ bilden eine monomiale Darstellung von G mit der Faktorengruppe H. Besitzt die Untergruppe H einen Normalteiler K, so liefert dasselbe Verfahren eine monomiale Darstellung von G mit der Faktorengruppe H/K, wenn man die $h_i(s)$ durch ihre Nebenklassen bezgl. K ersetzt.

401) loc. cit. [106].
402) G. Helmberg, Monatsh. Math. 58, 241-257 (1954).
403) P.X. Gallagher, Math. Z. 79, 122-126 (1962).
404) Zusammenfassende Darstellung: O. Ore, Trans. Amer. Math. Soc. 51, 15-64 (1942).

Nach *Turkin* [405] liefert dieses Verfahren alle transitiven monomialen Darstellungen von G (intransitive zerfallen vollständig in transitive). Um das zu sehen, bemerke man, daß, wegen $g_1 = 1$, $h_1(s) = s$ und $\nu_1(s) = 1$ für alle $s \in H$ gilt, also bei der Abbildung die erste Variable nur mit s multipliziert wird; rechnet man mit H/K statt mit H, so bleibt die erste Variable bei $s \in K$ ganz ungeändert. Ist nun eine beliebige monomiale Darstellung vorgelegt, also G homomorph auf eine monomiale Gruppe M abgebildet, so suche man in M die entsprechenden Untergruppen auf und ihre (den Kern umfassenden) Urbilder H und K in G. Dann ist H/K zur Faktorengruppe isomorph, und das obige Verfahren liefert, auf H und K angewandt, die gegebene Darstellung.

Andere und allgemeinere Erzeugungsmethoden für monomiale Darstellungen gibt *Hoehnke* [406].

Will man sich auf Darstellungen beschränken, bei denen die Matrixelemente Zahlen sind, die also Darstellungen im Sinne der Abschnitte A bis C sind, so hat man sich auf Untergruppen H und K zu beschränken, bei denen die Faktorgruppe H/K zyklisch ist, und die Elemente von H/K durch entsprechende Einheitswurzeln zu ersetzen [407].

Wegen der leichten Herstellbarkeit dieser Darstellungen ist die Frage nach Klassen von Gruppen von Wichtigkeit, bei denen sämtliche gewöhnlichen Darstellungen (also die über dem Körper der komplexen Zahlen) in monomiale Gestalt gebracht werden können. Nennt man nach *Itô* [408] Gruppen, bei denen dies der Fall ist, M-Gruppen, so weiß man lange, daß p-Gruppen M-Gruppen sind [409]. Allgemeiner zeigte *Zassenhaus* [410]: *Wenn eine endliche Gruppe G einen abelschen Normalteiler N besitzt, so dass G/N primzahlstufige Hauptreihen hat, so ist sie M-Gruppe. Itô* [411] bewies, daß *auflösbare Gruppen mit lauter abelschen Sylow-Untergruppen M-Gruppen sind.* Beides zusammenfassend zeigte *Huppert* [412]: *Wenn G einen auflösbaren Normalteiler N mit lauter abelschen Sylow-Untergruppen und G/N primzahlstufige Hauptreihen besitzt, so ist G eine M-Gruppe.* Ein anderer Satz von *Huppert* [413] lautet: *Eine auflösbare Gruppe, deren p-Sylow-Untergruppen für $p > 2$ modular* (d. h. mit modularem Untergruppenverband), *für $p = 2$ abelsch sind, ist M-Gruppe.*

Berman [414] bestimmte die Anzahl der irreduziblen monomialen Darstellungen einer Gruppe G über einem algebraisch abgeschlossenen Körper, dessen Charakteristik die Ordnung von G nicht teilt. Damit erhält er auch eine notwendige und hinreichende Bedingung dafür, daß G eine M-Gruppe

405) W.K. Turkin, Math. Ann. 111, 743-747 (1935).
406) H.-J. Hoehnke, Math. Z. 77, 68-80 (1961).
407) vgl. hierzu: A. Speiser: Die Theorie der Gruppen von endlicher Ordnung. 4. Aufl. Basel 1956. §§ 45-46.
408) N. Itô, Nagoya Math. J. 4, 79-81 (1952).
409) loc. cit. [407], Satz 173.
410) H. Zassenhaus, Abh. Math. Sem. Univ. Hamburg 11, 187-220 (1936).
411) loc. cit. [408].
412) B. Huppert, Nagoya Math. J. 6, 93-94 (1953).
413) B. Huppert, Math. Z. 75, 140-153 (1960/61).
414) S.D. Berman, Dopovidi Akad. Nauk Ukrain. RSR 1957, 539-542.

ist: G ist genau dann M-Gruppe, wenn jene Anzahl mit der Zahl der Klassen konjugierter Elemente von G übereinstimmt. *Berman* [415] hat auch die vollständige modulare Darstellungstheorie der überauflösbaren Gruppen angegeben; hier sind alle irreduziblen Darstellungen und alle unzerfällbaren Bestandteile der regulären Darstellung monomial.

In einer Reihe von Arbeiten haben *Turkin* und *Čunihin* die monomialen Darstellungen benutzt, um die Existenz von Normalteilern zu beweisen, also Nicht-Einfachheits-Kriterien zu gewinnen. So wird von *Turkin* [416] der *Burnside*sche Satz, nach dem, wenn eine Sylow-Untergruppe der Ordnung p^a im Zentrum ihres Normalisators liegt, die Gruppe einen Normalteiler vom Index p^a besitzt, so verallgemeinert: *Ist eine p-Sylow-Untergruppe von G abelsch und gibt es in ihrem Durchschnitt mit dem Zentrum ihres Normalisators ein von 1 verschiedenes Element, so besitzt G einen Normalteiler, dessen Index eine Potenz von p ist.* Ferner sei von *Turkin* folgender Satz erwähnt [417]: *G habe die Ordnung g, eine Untergruppe H von G die Ordnung h, es sei $g = hs$ und $(h, s) = 1$. t sei der Index (in H) der Kommutatorgruppe von H und q der kleinste Primfaktor von s. Enthält G mehr als $g(\frac{1}{t} + \frac{1}{q})$ Elemente, die in mit H konjugierten Untergruppen liegen, so ist G nicht einfach.* Von *Čunihin* seien folgende Sätze angeführt: *Ein Element einer abelschen Untergruppe H vom Index k der Gruppe G habe die Ordnung p^a, wo $(p, k) = 1$, und sei mit keinem anderen Element von H in G konjugiert. Dann ist G nicht einfach* [418]. *Enthält eine Gruppe G ein Element der Ordnung m, von dem keine Potenzen miteinander in G konjugiert sind, und ist die Ordnung von G nicht durch m^2 teilbar, so ist G nicht einfach* [419]. Vgl. auch weitere Arbeiten von *Turkin* [420] und *Čunihin* [421].

20. *Darstellungen durch Kollineationen.* Die gegebene endliche Gruppe heiße H. Da die Matrix einer projektiven Abbildung oder Kollineation nur bis auf einen Zahlenfaktor bestimmt ist, lautet die Multiplikationsformel für Darstellungen durch Kollineationen

$$D(st) = \gamma_{s,t} D(s) D(t) . \tag{20.1}$$

Das Zahlensystem $\gamma_{s,t}$ heißt das zur Darstellung gehörige *Faktorensystem*. Diese Darstellungen werden, besonders in der physikalischen Literatur, auch Strahldarstellungen genannt, denn die Elemente des Darstellungsraumes können als Punkte eines projektiven Raumes, aber auch als Vektoren gedeutet werden, die nur bis auf einen Zahlenfaktor bestimmt sind: als "Strahlen". Wir wollen die Darstellungen kurz *S-Darstellungen* nennen.

415) loc. cit. [225].
416) W.K. Turkin, Math. Ann. 111, 281-284 (1935).
417) loc. cit. [405].
418) S.A. Čunihin, Math. Ann. 112, 92-94 (1936).
419) S.A. Čunihin, Math. Ann. 112, 95-97 (1936).
420) W.K. Turkin, Journ. Inst. math. Kiew 1935-36$_{II}$, 101-104 (1935); Rec. math. Moscou (2) 3, 417-424 (1938); Bull. Acad. Sci. URSS, Moscou, Cl. Sci. math. natur. Sér. math. 1938, 475-482; Sbornik posvjascenii pamjati D.A. Grave, 259-264 (1940).
421) S.A. Čunihin, C. R. Acad. Sci. URSS 1935$_{III}$, 9-10 (1935).

Schur hatte sie eingeführt und in zwei Arbeiten [422] das Problem der Angabe aller S-Darstellungen einer endlichen Gruppe über einem algebraisch abgeschlossenen Körper der Charakteristik 0 grundsätzlich gelöst.

Das Assoziativgesetz verlangt

$$\gamma_{s,t}\gamma_{st,u} = \gamma_{s,tu}\gamma_{t,u} .$$

Jedes diesen Gleichungen genügende Zahlensystem ist ein Faktorensystem. Eine S-Darstellung $D_1(s)$ heißt zu $D(s)$ *assoziiert*, wenn $D_1(s) = \alpha_s D(s)$ mit Zahlenfaktoren α_s. Die zugehörigen Faktorensysteme heißen dann ebenfalls assoziiert. Bei algebraisch abgeschlossenem Grundkörper gibt es nur endlich viele Klassen assoziierter Faktorensysteme, und sie bilden bei der Multiplikation

$$\{\alpha_{s,t}\}\{\beta_{s,t}\} = \{\alpha_{s,t}\beta_{s,t}\}$$

eine abelsche Gruppe M, die der *Multiplikator* von H heißt.

Wenn eine Gruppe G einen im Zentrum liegenden Normalteiler A besitzt, so daß $G/A \cong H$, und wenn ein Vertretersystem der Nebenklassen von G nach A fest gewählt wird, bei dem s^* die dem Element $s \in H$ entsprechende Nebenklasse vertritt, so ist $s^* t^* = a_{s,t}(st)^*$, $a_{s,t} \in A$, und bei jeder irreduziblen Darstellung von G mit algebraisch abgeschlossenem Grundkörper werden die $a_{s,t}$ auf Multipla $\gamma_{s,t}E$ der Einheitsmatrix abgebildet, so daß, wenn man die dem Element s^* zugeordnete Matrix mit $D(s)$ bezeichnet, eine der Gleichung (20.1) genügende Darstellung von H entsteht. G heißt eine *Darstellungsgruppe* von H, wenn man auf diese Weise alle S-Darstellungen von H bekommen kann und zugleich die Ordnung von G möglichst klein ist. Das erstere ist genau dann der Fall, wenn A in der Kommutatorgruppe von G liegt. Ist G Darstellungsgruppe, so ist A zum Multiplikator M von H isomorph. Schur bewies die Existenz von Darstellungsgruppen bei beliebigem H.

H heißt *abgeschlossen*, wenn $M = \{1\}$ ist, also wenn jede S-Darstellung zu einer gewöhnlichen Darstellung assoziiert ist. *Schur* bewies, daß alle Gruppen von quadratfreier Ordnung abgeschlossen sind, allgemeiner alle Gruppen mit der Eigenschaft, daß alle Sylow-Untergruppen zyklisch sind. *Tazawa* [423] bewies: eine abgeschlossene Gruppe ist nicht einfach.

Es sei ein Faktorensystem $\gamma_{s,t}$ gegeben. Dann bezeichnet man eine Klasse konjugierter Elemente von H als *regulär*, wenn für ihre Elemente s und beliebige t immer $\gamma_{s,t} = \gamma_{t,s}$ gilt, wenn $st = ts$. *Schur* fand, daß die Anzahl der zu $\gamma_{s,t}$ gehörigen irreduziblen S-Darstellungen gleich der Anzahl der regulären Klassen ist. Seit *Tazawa* [424] wird zur Behandlung von Fragen dieser Art mit Erfolg eine Algebra verwendet, bei der jedem $s \in H$ wie gewöhnlich ein Basiselement u_s zugeordnet ist, aber die Multiplikation der Basiselemente durch $u_s u_t = \gamma_{s,t} u_{st}$ erklärt ist. Algebren dieser Art sind neuerdings von *Conlon* [425] gründlich untersucht worden. *Asano* und *Sho*-

422) I. Schur, J. reine angew. Math. 127, 20-50 (1904); 132, 85-137 (1907).
423) M. Tazawa, Tôhoku Math. J. 45, 154-156 (1939).
424) M. Tazawa, Sci. Rep. Tôhoku Univ. Ser. I 23, 76-88 (1934).
425) S.B. Conlon, J. Austral. Math. Soc. 4, 152-173 (1964).

da [426] vereinfachten einige Beweise von Schur und beschäftigten sich erstmalig mit dem Fall der Charakteristik $\neq 0$. *Asano*, *Osima* und *Takahasi* [427] fanden für den Fall, daß die Charakteristik in der Gruppenordnung aufgeht, daß die Anzahl der zu $\gamma_{s,t}$ gehörigen irreduziblen Darstellungen gleich der Anzahl derjenigen Klassen ist, die zugleich im obigen Sinne regulär und im *Brauer*schen Sinne p-regulär sind, deren Elemente also zur Charakteristik p teilerfremde Ordnungen haben. Bei der Anzahl handelt es sich jedesmal um "wesentlich verschiedene", d. h. im gewöhnlichen Sinne nichtäquivalente Darstellungen; es können aber unter den gezählten Darstellungen assoziierte vorkommen. Für den Fall der Charakteristik 0 fand *Ruth Mangold* [428], daß die Anzahl der Klassen assoziierter irreduzibler Darstellungen, die zu $\gamma_{s,t}$ gehören, gleich der Anzahl der regulären Klassen ist, die in der Kommutatorgruppe von H liegen.

Nach *Schur* ist die p-Sylow-Untergruppe des Multiplikators von H isomorph zu einer Untergruppe des Multiplikators einer p-Sylow-Untergruppe von H. *Kochendörffer* gab eine hinreichende Bedingung dafür an, daß diese Untergruppe die ganze p-Sylow-Untergruppe ist [429], ebenso dafür, daß jedes Faktorensystem einer gegebenen Untergruppe von H sich zu einem Faktorensystem von H fortsetzen läßt [430].

Zwischen den Multiplikatoren M_0 bei Charakteristik 0 und M_p bei Charakteristik p besteht nach *Asano*, *Osima* und *Takahashi* [431] ein einfacher Zusammenhang: es ist $M_p \cong M_0/P$, wo P die p-Sylow-Untergruppe von M_0 ist.

Schur [432] hat selbst seine Theorie, also die Konstruktion der Darstellungsgruppen und des Multiplikators, für die symmetrische Gruppe S_n und die alternierende Gruppe A_n durchgeführt. Bei S_n, $n \geq 4$, gibt es zwei Darstellungsgruppen derselben Ordnung $2\,n!$, die nur für $n = 6$ isomorph sind. (Sie hängen eng mit den in Nr. 12 erwähnten von *Morris* behandelten *Spin*-Gruppen zusammen.) Die Darstellungsgruppe von A_n ist eindeutig bestimmt (zur Eindeutigkeit vgl. auch das weiter unten gesagte) und für $n \geq 4$ und $\neq 6$ und 7 von der Ordnung $2\frac{n!}{2}$; dagegen haben die Darstellungsgruppen von A_6 und A_7 die Ordnungen $6\frac{6!}{2}$ und $6\frac{7!}{2}$. *Frucht* [433] hat Darstellungsgruppen und Multiplikatoren für alle abelschen Gruppen und für die Diedergruppen angegeben.

In Übertragung des bekannten Resultats von *Brauer* hat *Reynolds* [434] gezeigt, daß auch die (gewöhnlichen) S-Darstellungen im Körper der h-ten Einheitswurzeln realisiert werden können, wenn h die Ordnung von H ist.

426) K. Asano und K. Shoda, Compositio Math. 2, 230-240 (1935).
427) K. Asano, M. Osima und M. Takahasi, Proc. phys.-math. Soc. Japan (3) 19, 199-209 (1937); Collect. Papers Fac. Sci Osaka Univ. A 5 Nr. 15, 11 S. 1938; vgl. auch Osima loc. cit. [105].
428) R. Mangold, Mitt. Math. Sem. Giessen 67 (1966). 44 S.
429) R. Kochendörffer, Math. Z. 63, 507-513 (1956).
430) R. Kochendörffer, Math. Nachr. 18, 173-177 (1958).
431) loc. cit. [427].
432) I. Schur, J. reine angew. Math. 139, 155-250 (1911).
433) R. Frucht, J. reine angew. Math. 166, 16-29 (1932); Math. Z. 63, 145-155 (1955).
434) W.F. Reynolds, Illinois J. Math. 9, 191-198 (1965).

Iwahori und *Matsumoto* [435] sowie *Yamazaki* [436] haben mit Erfolg Methoden der homologischen Algebra in die Theorie der S-Darstellungen eingeführt. Die ersten beiden Autoren beweisen u. a., daß jede Darstellungsgruppe von H abgeschlossen ist, wenn H mit seiner Kommutatorgruppe übereinstimmt. (In diesem Fall ist nach *Schur* die Darstellungsgruppe eindeutig bestimmt.) Sie vermuten, daß jede endliche Gruppe wenigstens eine abgeschlossene Darstellungsgruppe besitzt. Der letztere Autor nimmt mit Erfolg die Aufgabe in Angriff, sich von der Voraussetzung der algebraischen Abgeschlossenheit des Grundkörpers zu befreien.

21. *Darstellungen durch halblineare Transformationen*. Auf die *halblinearen Transformationen* hatte *van der Waerden* [437] aufmerksam gemacht. Es handelt sich um die Zusammensetzung von linearen Transformationen mit Automorphismen des zugrundeliegenden Körpers. Schreibt man die Transformation in Komponenten und in Matrixform, so mag sie $x \to x' = x^s U$ lauten, wobei $x \to x^s$ die Ausübung des Körperautomorphismus s auf die Komponenten von x verlangt. Eine halblineare Transformation ist also durch ein Paar (U, s) gegeben, und die Zusammensetzungsregel wird

$$(U,s)(V,t) = (U^s V, st) .$$

Wenn man eine Gruppe G durch solche Transformationen darstellen will, so bilden hiernach die vorkommenden Automorphismen eine Gruppe A, die zur Faktorgruppe von G nach einem Normalteiler H isomorph ist. $k \subset K$ sei der Unterkörper, der bei allen $s \in A$ festen Elemente, dann ist A die Galoisgruppe von K über k. Japanische Mathematiker haben die Anregung van der Waerdens aufgenommen und die Darstellungen einer Gruppe G bei festgewähltem Körper K und festgewählter Galoisgruppe A bestimmt. *Nakayama* und *Shoda* [438] machten den Gruppenring KG mit einer neuen Multiplikation ($a\alpha\, b\beta = ab\alpha^{\bar{b}}\beta$, wobei $a, b \in G$, $\alpha, \beta \in K$ und $\bar{b} \in A$ der zu b gehörige Automorphismus ist) zu einer Algebra $\overline{KG}$ über k. Die Darstellungen durch halblineare Transformationen entsprechen dann eineindeutig den $\overline{KG}$-Rechtsmoduln, und $\overline{KG}$ ist halbeinfach (dann sind alle diese Darstellungen vollständig reduzibel), wenn die Charakteristik von K Null oder eine in der Ordnung von G nicht aufgehende Primzahl ist. Sie zeigten unter dieser Voraussetzung, daß, wenn k die (gewöhnlichen) absolut irreduziblen Charaktere der Untergruppe H enthält, die Anzahl der verschiedenen irreduziblen Darstellungen von G durch halblineare Transformationen über dem Körper K und mit der Automorphismengruppe A gleich der Anzahl der in H liegenden Klassen von in G konjugierten Elementen ist. Teilt die Charakteristik von K die Ordnung von G, doch nicht die von A, so ist die fragliche Anzahl gleich der Zahl der im

435) N. Iwahori und H. Matsumoto, J. Fac. Sci. Univ. Tokyo Sect. I 10, 129-146 (1964).
436) K. Yamazaki, J. Fac. Sci. Univ. Tokyo Sect. I 10, 147-195 (1964); Sci. Papers College Gen. Ed. Univ. Tokyo 14, 27-36 (1964).
437) loc. cit. [1].
438) T. Nakayama und K. Shoda, Japan. J. Math. 12, 109-122 (1935); Coll. papers, Fac. Sci. Osaka Univ. A 4, Nr. 2, 14 S. (1936).

*Brauer*schen Sinne p-regulären Klassen in G konjugierter Elemente, die in H liegen (*Osima* [439]).

Durch Beschränkung der halblinearen Darstellungen von G auf die Untergruppe H erhält man gewöhnliche Darstellungen von H. *Osima* [439] stellt fest, daß Äquivalenz und volle Reduzibilität sich dann von H auf G übertragen. Dies gilt ohne Voraussetzung über die Charakteristik von K und die Endlichkeit von G. Ebenso gelten Sätze von der Art der in Nr. 10 besprochenen *Clifford*schen.

Mit halblinearen Transformationen beschäftigen sich noch zwei weitere Arbeiten von *Shoda* [440], der u.a. einen andersartigen Äquivalenzbegriff einführt. *Weyl* [441] überträgt seine Ausführungen über den Zusammenhang von symmetrischen und vollen linearen Gruppen auf den Fall der halblinearen Transformationen.

Hier sei auch *Baers* Theorie der *verschränkten Charaktere* [442] erwähnt, welche die Theorie der Charaktere abelscher Gruppen verallgemeinert, das sind Funktionen auf G mit Werten in der zyklischen Gruppe E der Ordnung m. Es sei noch ein Homomorphismus von G in die Automorphismengruppe von E gegeben; das Bild von g hierbei heiße ebenfalls g. Dann lautet die definierende Gleichung der verschränkten Charaktere: $f(uv) = f(u)^v f(v)$. Wiederum mit Baers Theorie, aber auch mit der Theorie der Gruppenerweiterungen und der Faktorensysteme und damit mit dem Gegenstand der vorangehenden Nummer steht die Theorie der *Faktorensysteme einer Gruppe in ihrer abstrakten Einheitengruppe* von *Clifford* und *MacLane* [443] in Zusammenhang.

Um eine grundsätzliche Verallgemeinerung der Darstellungstheorie handelt es sich bei *Wielandt* [444]. Gegeben seien zwei endliche Gruppen G und H. Wielandt sagt, G sei auf H dargestellt, wenn jedem Paar von Elementen $g \in G$, $h \in H$ eindeutig ein $h^g \in H$ zugeordnet ist, derart, daß stets

$$(h_1h_2)^g = h_1^g h_2^g , \qquad h^{g_1g_2} = (h^{g_1})^{g_2} , \qquad h^1 = h$$

ist. Ähnlich bei *Plotkin* [445], der einen Zusammenhang mit Fastringen aufstellt, der dem Zusammenhang zwischen Gruppe und Gruppenring in der gewöhnlichen Theorie entspricht.

22. *Darstellungen von Halbgruppen.* Auch die Darstellungstheorie der Halbgruppen ist in den letzten Jahrzehnten weitgehend vorangebracht wor-

439) M. Osima, Proc. phys.-math. Soc. Japan (3) 20, 1-5 (1938); Coll. papers, Fac. Sci. Osaka Univ. A 5, Nr. 39 5 S.

440) K. Shoda, Proc. Acad. Tokyo 14, 278-280 (1938); Coll. papers, Fac. Sci. Osaka Univ. A 6, Nr. 12, 3 S. (1939); Proc. Acad. Tokyo 14, 281-285 (1938); Coll. papers, Fac. Sci. Osaka Univ. A 6, Nr. 13, 5 S. (1939).

441) H. Weyl, Duke Math J. 3, 200-212 (1937).

442) R. Baer, Trans. Amer. Math. Soc. 54, 103-170 (1943); Bull. Amer. Math. Soc. 49, 701-710 (1943); Amer. J. Math. 66, 341-404 (1944).

443) A.H. Clifford und S. MacLane, Trans. Amer. Math. Soc. 50, 385-406 (1941).

444) H. Wielandt, Math. Z. 73, 146-158 (1960).

445) B.I. Plotkin, Izv. Akad. Nauk SSSR Ser. Mat. 27, 855-882 (1963).

den. Es kann hier nur ein sehr kurzer Bericht über die Fülle der Resultate gegeben werden. Dabei wird es angezeigt sein, mehr als bei den Gruppen jeweils darauf einzugehen, unter welchen Bedingungen die Resultate sich von endlichen auf unendliche Halbgruppen übertragen lassen. Es ist hier noch nicht jene Trennung eingetreten, die in der letzten Zeit aus der Theorie der endlichen und der unendlichen Gruppen zwei fast völlig getrennte Gebiete hat entstehen lassen. Es sei hier die Monographie über Halbgruppen von *Clifford* und *Preston* [446] erwähnt.

Zunächst stellt sich die Frage nach dem Satz von *Maschke*: wann sind alle Darstellungen einer endlichen Halbgruppe S über einem Körper K vollständig reduzibel, oder: wann ist die Halbgruppenalgebra KS von S über K halbeinfach? *Munn* [447] und *Ponizovskiĭ* [448] zeigten unabhängig voneinander, daß KS genau dann halbeinfach ist, wenn die Halbgruppenalgebren aller Hauptfaktoren (Faktoren einer (Ideal-)Hauptreihe) es sind. Die Hauptfaktoren sind (Ideal-)einfach oder Nullhalbgruppen, d.h. solche, bei denen das Produkt je zweier Elemente Null ist; letztere haben trivialerweise keine halbeinfachen Halbgruppenalgebren. Ein einfacher Hauptfaktor dagegen kann nach *Rees* [449] als Matrixhalbgruppe über einer Gruppe mit Null treu dargestellt werden. In Termen dieser Matrixhalbgruppe wird eine notwendige und hinreichende Bedingung für die Halbeinfachheit gegeben.

Bei *inversen* Halbgruppen (das sind solche, bei denen es zu jedem Element a eindeutig ein b gibt mit $aba = a$ und $bab = b$) läßt sich eine viel einfachere Bedingung angeben: Die Algebra einer endlichen inversen Halbgruppe über einem Körper K ist genau dann halbeinfach, wenn die Charakteristik von K Null ist oder die Ordnung keiner Untergruppe teilt. (*Oganesyan* [450], *Munn* [451]).

Suschkewitsch [452] hat zuerst Darstellungen von Halbgruppen konstruiert. Die Konstruktion ist dann von *Clifford* [453] weit entwickelt worden. Es handelt sich um *vollständig einfache* Halbgruppen; das sind einfache, die ein primitives Idempotent besitzen. (Einfache endliche Halbgruppen sind vollständig einfach.) Jede solche Halbgruppe S kann, wie schon oben für die endlichen einfachen erwähnt wurde, als Reessche Matrixhalbgruppe über einer Gruppe G mit Null aufgefaßt werden. Jede Darstellung von S läßt sich dann aus den Darstellungen von G konstruieren.

Die Konstruktion wird besonders einfach, wenn S endlich und KS halbeinfach ist. Hierfür haben *Ponizovskiĭ* [454] und *Munn* [455] explizite Verfahren zur Bestimmung aller irreduziblen Darstellungen angegeben.

446) A.H. Clifford und G.B. Preston, The algebraic theory of semigroups. Providence 1961. 224 S.
447) W.D. Munn, Proc. Cambridge Philos. Soc. 51, 1-15 (1955).
448) I.S. Ponizovskiĭ, Mat. Sb. 38 (80), 241-260 (1956).
449) D. Rees, Proc. Cambridge Philos. Soc. 36, 387-400 (1940).
450) V.A. Oganesyan, Akad. Nauk Armjan. SSR Dokl. 21, 145-147 (1955).
451) loc. cit. [447].
452) A. Suschkewitsch, Communications de la Soc. Math. de Kharkow (4) 6, 27-38 (1933).
453) A.H. Clifford, Amer. J. Math. 64, 327-342 (1942); 82, 430-434 (1960).
454) loc. cit. [448].
455) W.D. Munn, Proc. Cambridge Philos. Soc. 53, 5-12 (1957).

Nach *Ponizovskiĭ* [456] und *Munn* [457] kann man nun jede irreduzible Darstellung einer beliebigen endlichen Halbgruppe S erhalten als Erweiterung einer irreduziblen Darstellung eines einfachen Hauptfaktors. Die Erweiterung ist auch bei unendlichen Halbgruppen möglich; man benutzt hier eine von *Green* [458] eingeführte allgemeinere Definition der Hauptfaktoren. Das Verfahren liefert hier allerdings nicht alle irreduziblen Darstellungen von S, sondern nur die von *Munn* charakterisierten sogenannten Hauptdarstellungen. Bei Halbgruppen, die einer Minimalbedingung für zweiseitige Hauptideale genügen, sind alle irreduziblen Darstellungen Hauptdarstellungen. Es muß noch untersucht werden, ob alle einfachen Hauptfaktoren vollständig einfach sind. Dies ist nach *Munn* [459] der Fall, wenn die Halbgruppe einer Minimalbedingung für linke und rechte Hauptideale genügt. Da dies die Minimalbedingung für zweiseitige Hauptideale impliziert, ist damit die Konstruktionsaufgabe für alle Halbgruppen mit Minimalbedingung für linke und rechte Hauptideale gelöst.

Bei inversen Halbgruppen gelang es *Munn* [460], das Problem auch ohne Minimalbedingung allgemein zu lösen.

Die Theorie der *Charaktere* ist fast ausschließlich für kommutative Halbgruppen entwickelt worden, wobei man sich wie bei den Charakteren abelscher Gruppen besonders für die Charakterenhalbgruppe interessiert (*Schwarz* [461], *Hewitt* und *Zuckerman* [462], *Ross* [463], *Warne* und *Williams* [464], *Iseki* [465]). Einige Autoren beschäftigen sich speziell mit der Halbgruppe der Restklassen mod m im Ring der ganzen Zahlen (*Parizek* und *Schwarz* [466], *Hewitt* und *Zuckerman* [467]) oder mit der Verallgemeinerung davon auf ein ganzes Ideal in einem algebraischen Zahlkörper (*Rieger* [468]). Bei nichtkommutativen Halbgruppen gibt es nur einzelne Spezialergebnisse (*Munn* [469], *Petrich* [470]).

Eine wichtige spezielle inverse Halbgruppe ist die von *Vagner* [471] eingeführte *symmetrische inverse Halbgruppe* auf einer Menge X, bestehend aus den "partiellen Transformationen" von X, das sind sämtliche eineindeu-

456) I.S. Ponizovskiĭ, Uspehi Mat. Nauk 13, no. 6 (84), 139-144 (1958).
457) W.D. Munn, Quart. J. Math. Oxford Ser. (2) 11, 295-309 (1960).
458) J.A. Green, Ann. Math. (2) 54, 163-172 (1951).
459) W.D. Munn, Proc. Glasgow Math. Assoc. 3, 145-152 (1957).
460) W.D. Munn, Proc. London Math. Soc. (3) 14, 165-181 (1964).
461) Š. Schwarz, Czechoslovak Math. J. 4, 219-247, 291-295, 296-313 (1954).
462) E. Hewitt und H.S. Zuckerman, Acta Math. 93, 67-119 (1955); Trans. Amer. Math. Soc. 83, 70-97 (1956).
463) K.A. Ross, Proc. Amer. Math. Soc. 10, 579-583 (1959); 12, 988-990 (1961).
464) R.J. Warne und L.K. Williams, Czechoslovak Math. J. 11, 150-155 (1961).
465) K. Iseki, Proc. Japan Acad. 32, 560-561 (1956).
466) B. Parizek und Š. Schwarz, Mat.-Fyz. Časopis Slovensk. Akad. Vied 11, 63-74 (1961).
467) E. Hewitt und H.S. Zuckerman, Pacific J. Math. 10, 1291-1308 (1960).
468) G.J. Rieger, Math. Ann. 156, 192-197 (1964).
469) W.D. Munn, Proc. Cambridge Philos. Soc. 53, 13-18 (1957).
470) M. Petrich, Pacific J. Math. 12, 679-683 (1962).
471) V.V. Vagner, Dokl. Akad. Nauk SSSR (N.S.) 84, 653-656 (1952).

tigen Abbildungen f einer Untermenge Y auf eine andere Untermenge Y' von X, wobei Y alle Untermengen von X einschließlich $\emptyset$ (leere Menge) durchläuft. Die Verknüpfung ist so definiert: ist f_1: $Y_1 \to Y_1'$, f_2: $Y_2 \to Y_2'$ und $Y_2' \cap Y_1 = Z \neq \emptyset$, so sei $f_1 f_2$ die durch $f_1 f_2(x) = f_1(f_2(x))$ erklärte Abbildung von $f_2^{-1}(Z)$ auf $f_1(Z)$. Ist dagegen $Z = \emptyset$, so sei $f_1 f_2$ die Abbildung $\emptyset \to \emptyset$.

Man kann einerseits nach den Darstellungen beliebiger Halbgruppen durch Halbgruppen von partiellen Transformationen fragen. So zeigten *Vagner* [472] und *Preston* [473]: Jede inverse Halbgruppe S ist isomorph zu einer Unterhalbgruppe der symmetrischen inversen Halbgruppe auf der Menge S. Vgl. auch *Ljapin* [474], *Ponizovskiĭ* [475], *Preston* [476], *Sain* [477], *Vagner* [478].

Andererseits interessieren die Darstellungen symmetrischer inverser Halbgruppen durch Halbgruppen linearer Transformationen. H_n sei die symmetrische inverse Halbgruppe auf $\{1,\ldots,n\}$. Sie zeigt mancherlei Analogien zur symmetrischen Gruppe S_n. So zeigten *Ponizovskiĭ* [479] und *Munn* [480]: die Halbgruppenalgebra KH_n über dem Körper K ist genau dann halbeinfach, wenn die Charakteristik von K Null oder eine Primzahl $> n$ ist. *Munn* konnte alle Darstellungen von H_n aus denen der symmetrischen Gruppen vom Grad $< n$ konstruieren.

Die volle *Transformationshalbgruppe* T_n ist die Menge aller Abbildungen von $\{1,\ldots,n\}$ in sich, wobei die Verknüpfung durch Hintereinanderausführen geschieht. Die Darstellung endlicher Halbgruppen durch Transformationshalbgruppen wurde von *Stoll* [481] untersucht, der bewies: Jede endliche Halbgruppe S läßt sich treu darstellen als Halbgruppe von Abbildungen einer Menge M in sich; für M kann man $\{1,\ldots,n+1\}$ nehmen, wenn n die Anzahl der Elemente von S ist. Mit der Darstellung von Halbgruppen durch transitive Transformationshalbgruppen auf beliebigen Mengen beschäftigt sich *Tully* [482]. Weitere Verallgemeinerung bei *Plotkin* [483]. - Die irreduziblen Darstellungen von T_n durch lineare Transformationen über dem komplexen Zahlkörper haben *Hewitt* und *Zuckerman* [484] bestimmt.

472) V.V. Vagner, Dokl. Akad. Nauk SSSR (N.S.) 84, 1119-1122 (1952).
473) G.B. Preston, J. London Math. Soc. 29, 411-419 (1954).
474) E.S. Ljapin, Mat. Sb. 52 (94), 589-596 (1960).
475) I.S. Ponizovskiĭ, Sibirsk. Mat. Ž. 5, 896-903 (1964).
476) G.B. Preston, Proc. Amer. Math. Soc. 8, 1144-1147 (1957).
477) B.M. Šaĭn, Izv. Vysš. Učebn. Zaved. Matematika 1962 no. 3 (28), 164-176.
478) V.V. Vagner, Mat. Sb. 38 (80), 203-240 (1956).
479) loc. cit. [448].
480) loc. cit. [469].
481) R.R. Stoll, Duke Math. J. 11, 251-265 (1944).
482) E.J. Tully, Dissertation. Univ. Louisiana, 1960; Amer. J. Math. 83, 533-541 (1961); 84, 386 (1962).
483) B.I. Plotkin, Dokl. Akad. Nauk SSSR 149, 1037-1040 (1963).
484) E. Hewitt und H.S. Zuckerman, Illinois J. Math. 1, 188-213 (1957).

Autorenregister